乡村振兴战略人才培育系列教材

丛书主编　郭向周　韩志茶

大理饮食文化

DALI YINSHI WENHUA

主编　苏科巧　李若良

云南大学出版社
YUNNAN UNIVERSITY PRESS

图书在版编目（CIP）数据

大理饮食文化 / 苏科巧，李若良主编. -- 昆明 ：
云南大学出版社，2023
乡村振兴战略人才培育系列教材 / 郭向周，韩志荼
主编
ISBN 978-7-5482-4282-6

Ⅰ. ①大… Ⅱ. ①苏… ②李… Ⅲ. ①饮食－文化－
大理白族自治州－职业培训－教材 Ⅳ. ①TS971.207.42

中国国家版本馆CIP数据核字(2023)第044083号

策划编辑：朱　军
责任编辑：范　娇
封面设计：刘　雨

乡村振兴战略人才培育系列教材

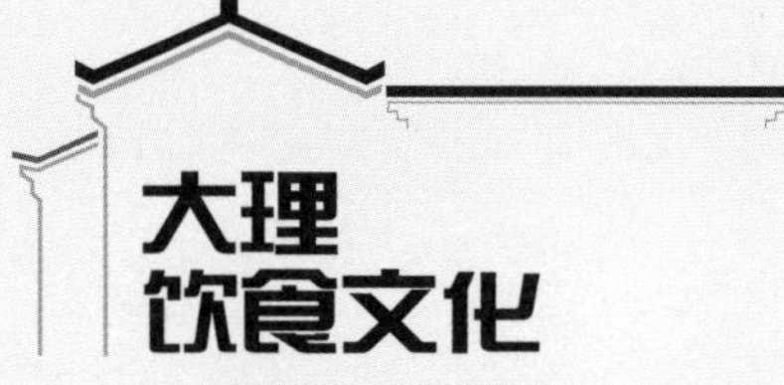

主编　苏科巧　李若良

出版发行：云南大学出版社
印　　装：昆明理煋印务有限公司
开　　本：787mm×1092mm　1/16
印　　张：8.75
字　　数：176千字
版　　次：2023年4月第1版
印　　次：2023年4月第1次印刷
书　　号：ISBN 978-7-5482-4282-6
定　　价：49.00元

社　　址：云南省昆明市一二一大街182号（云南大学东陆校区英华园内）
邮　　编：650091
电　　话：（0871）65033244　65031071
网　　址：http://www. ynup. com
E-mail：market@ynup. com

若发现本书有印装质量问题，请与印厂联系调换，联系电话：0871-64167045。

序

为了推动农业全面升级、农村全面进步、农民全面发展，谱写新时代乡村全面振兴新篇章，党的十九大作出实施乡村振兴战略的重大决策部署。对此，大理在加强农村思想道德建设、弘扬传统农耕文化、倡导树立乡村文明新风、推进农村公共文化建设和改善乡村文明建设硬件条件的基础上，注重传承和弘扬具有地方民族特色的饮食文化，从现代营养与卫生的角度引导饮食文化的发展，并利用现代文化传播手段加大宣传推介力度，打造地方传统民族文化品牌。因此，如何把饮食文化的历史渊源、工艺要点，以及现代饮食文明内涵在农业、农村、农民中进行传递，值得我们探索与研究。

在编写过程中，本书编者收集了大量文献资料，并结合食品相关专业教学涉及的科普学习、培训及教学实际等方面组织材料。本书共分为12篇，主要以大理州管辖的1市11县为例，分篇章分县市对43种特色食品进行介绍。每种特色食品从4个方面进行阐述："文化概说"部分主要是让每个读者了解大理饮食文化的博大精深；"制作流程"与"操作要点"部分既是拓展知识部分，也可为现代农民、现代农业提供相关知识和创新创业点；"美食小结"部分则是为大理饮食文化的传承与发扬出谋划策，丰富其文化内涵。另外，部分篇章额外添加"美食知识"部分，主要为就读食品专业的学生、从事食品行业的工作人员或普通读者提供学习资料。

本书旨在弘扬农耕文化，建设乡村文明，为新时代乡村全面振兴贡献力量，内容既包括文化起源的介绍，又有加工工艺及制作方法的科普，以及专业知识的融会贯通，力求图文并茂、简单明了、全面系统地展示大理的饮食文化。

在本书的编写过程中，我们得到了大理州相关部门的大力支持，以及各县、各乡镇、各协会提供的大量素材和实地考察调研报告，并参考了各网站的相关素材资料，在此我们对支持本书编写出版的所有单位和个人表示衷心的感谢！

大理饮食文化源远流长，涉及内容广泛，本书未能一一收录，书中难免疏漏或不当之处，敬请各位同仁和读者海涵、指正！

编　者

2022 年 9 月

前　言

自古以来，“民以食为天”“柴米油盐酱醋茶”等俗语就流传于民间，可见饮食文化是地区文化的重要组成部分。饮食在民众生活中不断演化并被赋予特殊的意义，这既是农耕文明的延续，也是饮食文化内涵的彰显。

大理白族自治州处于云南的重要地带，是滇西政治、经济和文化的中心。大理州辖大理市，祥云、弥渡、宾川、永平、云龙、洱源、鹤庆、剑川8个县，以及漾濞、巍山、南涧3个少数民族自治县。

一、大理饮食文化的起源与发展

大理沉淀着浓厚的文化底蕴，拥有悠久的历史，是云南文化的发祥地之一。从唐宋到元代，明清至今，大理的饮食文化复杂而又别具特色。

石器时代，人类处于“刀耕火种、采集渔猎”的原始阶段，早期居民背靠苍山面朝洱海地劳作。原生态的动物资源、植物资源和微生物资源给当地居民带来了诸多便利，人们就地取材、“靠山吃山、靠海吃海”，食用野菜、野果、野花以及生皮等饮食习惯随之形成。隶属唐宋王朝的南诏国和大理国，这两个地方政权的建立，发展了水利，扩大了耕种规模，促进了水产养殖业的兴起。南诏国时期，茶叶开始盛行，并对后期下关沱茶的发展起到了关键作用，而盐的开采对后期云龙县诺邓井盐的发展、诺邓火腿风味的形成具有功不可没的作用。当时佛教盛兴，素食文化开始盛行并流行至今。饮酒文化也是源远流长，从南诏时期流传至今。这时期，大理的名酒如鹤庆乾酒、漾濞雪山清白酒等顺势兴起。元朝，云南设立了行省，大规模屯田，主要种植稻米，人们对于饮食的要求逐渐提高。明朝，军屯比例扩大，大量汉族人口迁入西南地区，经济和文化迅速发展，饮食文化的民族化、特色化更加凸显。清代，畜牧业发展迅速，普洱茶享誉省内外。民国时期，饮食各具特色，农村集市盛行，半商半农的经营模式越发丰富。新中国成立后，个体户队伍不断壮大，人们逐步创建食品公司。随着经济体制的不断改革，个人承包经营越来越多，传统饮食名菜也响应消费者的需求，回归大众视野。

二、大理的地理特色

大理州还是个“文化名邦”。独特优越的地势与气候特点，丰富优质的水资源，高储量的矿质财富，再加上显著的民族特色，造就了大理州丰富多彩的饮食文化。俗话说得好，“一方水土养一方人”，大理州水资源丰富，有淡水湖泊——洱海，有苍山泉水，有地热资源温泉……大理州地处低纬高原，属于低纬高原季风气候，四季温差不大，四季不明显，干湿季分明；大理州地形地貌复杂，海拔高低悬殊，气候的垂直差异显著，气温随海拔增高而降低，雨量随海拔增高而增多；河谷热，坝区暖，山区凉，高山寒，立体气候明显。大理还有驰名中外储量丰富的非金属矿大理石大型矿床，还有石灰石、石英砂、煤等，金属矿有铂、钯、锰、锑等。

三、大理的民族文化

大理州地方民族特色明显，有汉族、白族、彝族、回族、傈僳族、苗族、纳西族、壮族、藏族、布朗族、拉祜族、阿昌族、傣族等13个世居民族，其中傈僳族、苗族、傣族、阿昌族、壮族、藏族、布朗族、拉祜族人口相对较少，但它们也是大理多元文化的组成部分。

大理州复杂多样化的饮食文化主要表现为：第一，丝绸之路时期，大理作为中转站，马帮的来来往往促进了本地区的文化与省外、国外文化的相互交融；第二，大理与楚雄、临沧、保山等州市接壤，饮食文化相互渗透；第三，虽然大理整体气候差异不大，但某些县份由于气候、环境等因素的影响，形成了随大流却又标新立异的文化气息；第四，华侨的回归在饮食方式、休闲娱乐方式等方面为大理饮食文化添加了更多色彩。滇西南地区的饮食文化混杂了边疆汉族与其他少数民族的饮食特点，滇西北地区则由于深受藏族、纳西族等高原民族饮食习惯的影响，饮食文化的多元性和丰富性更加明显。

编　者

2022 年 7 月

目　录

第一篇　大理市

自古以来，大理市就是陆路连接滇西八州市和通往东南亚的交通要冲。

大理市年温差较小，四季不明显，正所谓“四时之气，常如初春，寒止于凉，暑止于温”。大理人的性格也和大理的气候一样温婉。大理市的居民大多是白族，各乡镇之间的乡村文化大致相同，尤其是在饮食上有着相似的特色。

图 1–1　大理古城门

“风花雪月”是大理市一张响亮的名片。大理市，尤其大理镇、喜洲镇、湾桥镇等地的居民，他们的家乡“背靠苍山，面朝洱海”，因此可用这句话来形容他们的生活：“靠山吃山，靠海吃海。”

大理人对花颇为喜爱，杜鹃花、金雀花、玫瑰花等点缀着大理人的餐桌菜肴；苍山独特的地理结构带来了别具一格的食材，树皮被大理人当作美味并称为“青蛙皮”，类似的野菜还有很多，养生、环保的食用理念在默默传递着。“苍山雪”是大理苍山的专属名词。

苍山美不胜收，苍山的山泉水更是被大理人钟爱着。与其他饮用水不同的是，苍山水水质硬度较小，具有清凉甘甜的口感。用苍山水来烹饪菜肴，更是锦上添花！

面朝洱海的居民，大多靠打鱼谋生。大理人爱渔，更爱鱼，他们爱吃酸辣鱼，并且这个鱼得来自洱海，因为洱海的鱼肉质鲜美、细腻，他们也喜欢你一条我一条地分享劳动的辛苦和快乐。

图 1–2　苍山雪（王国源提供）

图 1-3　洱海（申娇提供）

在白族家庭中，女主人不仅承担劳作，还要忙于烦琐的家务，她们“累并快乐着”，劳累之后开始回味忙碌的充实与珍贵。这种境界就如大理白族人家的“三道茶”，一苦二甜三回味，将人生的真谛娓娓道来并细细回味。

大理古城沉淀了太多的历史，也承载着人们对美食的期待。大理人在繁忙之余，喜欢在繁华的古城街道走一走、看一看，肚子饿了，口渴了，就坐下来吃碗滑滑嫩嫩的凉鸡米线，点上几碟卤制的小吃，吃完后买杯酸梅汤、炖梅等饮品解解乏，然后顺着古城的石板路慢悠悠地享受着生活。

图 1-4　大理白族三道茶

大理人的生活总是这么“小资”，不管是饮食还是生活，他们都想过得有情调、有追求。他们认为，人生有苦有累，也有甜！

冻　鱼

一、文化概说

冻鱼是大理人用来招待宾客的一道名菜，从南诏时期流传至今。

在大理，本地人听到“冻鱼”一词，幸福感马上飙升，口水都快要流出来了；外地人乍一听到“冻鱼”，想到的往往是冰箱里的冷冻鱼，那种没有生机活力、缺少食欲的鱼，但是怀着好奇心尝试之后，就会赞不绝口。

冻鱼是一道留得住乡愁的菜肴。大理美食圈里素有“吃冻鱼，晒肚皮”的说法。一般情况下，人们会选择在夏秋季吃凉拌菜，但冻鱼这道凉菜却主要在冬季和初春时节食用。在寒冷的冬天，一家人在院子里围坐，边晒太阳边吃冻鱼，既享受了美食，又获得了家人团聚的乐趣。

图 1–5　大理冻鱼（阿敏提供）

其实，冻鱼即“鱼冻”。秋收之后鲫鱼开始多起来，鲫鱼富含胶原蛋白，煮制以后胶原蛋白与鱼汤融合，在冬天较低的气温下鱼汤便成了“冻”。冻鱼如琥珀一般色泽透亮、晶莹剔透，具有鲜凉与酸辣口感，并且鲫鱼的刺被冻之后也变得柔和起来。吃“冻”类食品，不是大理首创，比如其他地方有肉冻、果冻等，而大理人爱得要命的鱼冻，酸辣中回甜的味道使它与众不同。

图 1–6　大理鲫鱼

图 1–7　大理酸辣鱼

冻鱼的前身是“大理酸辣鱼”。用木瓜或梅子加调味料煮好酸辣鱼后，经过一个夜晚的冷冻，酸辣鱼就变成了冻鱼。冻鱼需要汁液成冻，因而与传统酸辣鱼的制作稍有区别。在其他季节，要想吃上冻鱼也简单，直接将煮好并冷却的酸辣鱼放入冰箱冷藏室，冷藏 2 ～ 3 小时即可。但大理人更喜欢大自然的馈赠，利用天然条件创造香喷喷的美味。

二、制作流程

冻鱼的制作流程：

烧热锅→加入少许油→加入姜蒜、辣椒面、花椒等调料炒香→倒入冷水→放入鲫鱼（鲫鱼→刮鳞→去肠肚、去腮→洗净）→烧开→加入盐、味精、炖梅/木瓜/野生杨梅，以及酱等调料→小火慢炖→适当收汁→装盘→封上保鲜膜→隔夜冷冻→冻鱼

三、操作要点

（1）鲫鱼和鲤鱼都可以制作酸辣鱼，其中鲫鱼的胶原蛋白更为丰富，肉质更加细腻、鲜美。

（2）锅烧热后加入冷菜籽油，油不用烧热，否则影响冻鱼的口感。

（3）鲫鱼肉质较嫩，容易煮烂、煮散，所以在鲫鱼下锅之时酸味物质也下锅。酸味物质与加热条件下的蛋白质迅速凝聚变性，性质更为稳定。

（4）大理海东一带的人们，习惯用梅子煮鱼。这样煮出来的鱼，口感正宗，酸味纯正。

（5）虽然冻鱼离开了鱼汤就成了“空中楼阁”，但鱼汤也不宜太多。在小火慢炖过程中，鲫鱼胶原蛋白融入鱼汤之时，适当收汁，以提高鱼汤的浓度，有利于鱼冻的形成。

（6）为了防止冻鱼肉质过硬，煮好的酸辣鱼自然冷却即可。

四、美食知识

1. 冻鱼的营养价值

大理冻鱼主要用鲫鱼烹饪后冷却而制成。鲫鱼是以植物为食的杂食性鱼类，其肉质细嫩，富含蛋白质、钙、磷、铁等营养元素。鲫鱼分布广泛，多产于黄河流域和长江流域一带。洱海鲫鱼较为出名，以 2 ~ 4 月份和 8 ~ 12 月份的鲫鱼最为肥美。鲫鱼性平味甘，入胃、肾，具有和中补虚、除羸、温胃进食、补中生气之功效。鲫鱼含有丰富的胶原蛋白，在鱼汤煮制过程中，鲫鱼的蛋白质会溶于鱼汤中，所以在酸辣鱼冷却后呈现出“冻”的状态，其实这是鲫鱼中的蛋白质的一种存在形式，具有良好的美容作用。

2. 蛋白质变性

鲫鱼肉质十分鲜嫩，如果长时间炖煮，鱼肉会被煮得软烂，影响冻鱼的口感和品质，也会影响冻鱼的完整，所以在煮鲫鱼的同时需加入酸木瓜、炖梅或

者酸醋等酸性物质。在高温加热条件下，鱼肉中的蛋白质快速凝聚变性，其蛋白质更加稳定，鱼肉鱼身更加完整。

五、美食小结

冻鱼，这道美食寄托着万千大理人的家乡情结。人们喜欢在暖阳里团团围坐，一边感受大理的风花雪月，一边品尝爽滑可口的冻鱼！冻鱼这道凉菜对于吃惯了热食的游客来说，免不了肠胃会受到些许挑战，因而建议在食用冻鱼之后多喝温热水。

喜洲粑粑

一、文化概说

在云南，凡是饼状的食物都可称为“粑粑”。在大理历史名城——喜洲，也有一种人见人爱的粑粑，名为“喜洲粑粑”。

大理喜洲粑粑又名“破酥”，刚出锅时口感最佳，是一种色、香、味俱全的麦面烤饼，口味有甜有咸，其中甜的馅料主要为玫瑰糖，咸的馅料主要为葱和肉丁。

图 1-8　喜洲粑粑

图 1-9　大理农林职业技术学院与太和街道残联共同举办“喜洲粑粑制作”培训班

喜洲破酥粑粑起初由杨氏家族的曾祖母——白族民间面点艺人杨氏制作，后由杨氏祖父杨复兴（小名大苟）继承上代的制作工艺。大多数情况下，我们见到的面粉加工的饼类食品，要么是烘，要么是烤，要么是烙，要么是煎，要么是炸，而在清朝光绪年间，杨复兴受前人工艺的启示，首创了用炉底炉盖烤制粑粑的技术，即在制作面饼时使用上下两层炭火，上层炭火为猛火，下层炭火为文火，在做好的面胚上刷上猪油后入锅烘焙，在烤制过程中反复刷几次油脂直至将面饼烤香烤酥。这一工艺技术，使白族的烤饼技术得到了快速发展。当地人出门干活或经商，都会携带喜洲粑粑作为干粮，其不仅能充饥还具有一定的营养价值。杨复兴在祖辈手艺的基础上创新出豆砂糖味、玫瑰糖味、混糖味、葱花肉末味、椒盐味等破酥品种，赢得了大众的喜爱。

二、制作流程

1. 咸味喜洲粑粑的制作流程

小麦粉→加水和面→加发酵剂→醒发 3 小时→发酵面团→切面团→加入适量的猪油揉至面团光滑→将面团擀成巴掌大小→加入调配好的猪油、猪肉馅料和葱花→将面团包成圆形→二次擀面团→上下对折→左右对折→将面团擀平→（首次）中间切几刀但不可切断→抹上猪油绕成圈→擀平→（再次）中间切几刀但不可切断→抹上猪油绕成圈→擀平→（三次）中间切几刀但不可切断→抹上猪油绕成圈→擀平→面团两边刷上油→入锅→用烤炉上下两层火烤制→再刷一层热猪油→烤制→喜洲粑粑（咸味）

图 1–10　喜洲粑粑的制作细节

2. 甜味喜洲粑粑的制作流程

小麦粉→加水和面→加发酵剂→醒发 3 小时→发酵面团→切面团→加入适量的猪油揉至面团光滑→将面团擀成巴掌大小→加入调配好的豆沙、玫瑰糖、红糖等馅料→将面团包成圆形→二次擀面团→上下对折→左右对折→将面团擀平→（首次）中间切几刀但不可切断→抹上猪油绕成圈→擀平→（再次）中间切几刀但不可切断→抹上猪油绕成圈→擀平→（三次）中间切几刀但不可切断→抹上猪油绕成圈→擀平→面团两边刷上油→入锅→用烤炉上下两层火烤制→再刷一层热猪油→烤制→喜洲粑粑（甜味）

三、操作要点

（1）喜洲粑粑的特殊口感主要来自破酥。酥皮的制作过程非常讲究，加了馅料之后再擀面，并且尽量不要使馅料流出来。

（2）破酥与猪油质量有关，一般选择上乘的猪油炼制备用。

（3）喜洲粑粑的独特之处在于上下两层一起用火炭加热的铁盘烤制。最下面的一层是一盘炭火盆，中间是盛放着喜洲粑粑的铁盘，上层又盖着装满炭火的火盘。在喜洲粑粑的整个加工过程中，需使用鼓风机对上下层炭火加温。

（4）用来烤制的木炭由栗木烧制而成。栗木密度高，耐烧，还会散发出一股独特的果香味。

图 1-11　鲜肉馅喜洲粑粑

图 1-12　玫瑰砂糖馅喜洲粑粑

四、美食知识

1. 破　酥

破酥这一工序在喜洲粑粑的制作中尤为重要，在制作过程中应注意以下三个方面：

（1）切割分块要用手扯，不要用刀切，以增加断面的摩擦力；包酥要放入正中包严，不要有漏酥现象出现；开酥（即擀酥）要均匀，厚薄一致。

（2）发酵面与酥面的软硬要一致。

（3）馅心制好后应经过冷冻处理后再包制。这样，可使酥层均匀，口感松润。

2. 猪油的作用

中国人将猪油称为荤油或猪大油，它是从猪肉提炼出来的，初始状态是略呈黄色、半透明的食用油，常温下为白色或浅黄色固体。中国人常用猪油炒菜和制作酥皮类点心，例如叉烧酥、喜洲粑粑等。

3. 豆 沙

一般而言，豆沙是指红豆沙。将红豆浸泡后煮熟压成泥，加入油、糖浆或者玫瑰酱等混匀，用来做点心的馅料，例如喜洲粑粑、月饼、包子的馅等。

4. 玫瑰酱

玫瑰花含有 300 多种化学成分，如槲皮苷、含香精的脂肪油、有机酸等有益美容的物质，还有人体需要的 18 种氨基酸和微量元素，其性甘、温，味微苦，无毒。玫瑰花配黑糖、蜂蜜等制成的玫瑰花酱属温性食品，颇受人们喜爱，广泛应用于各种糕点、馅料和菜肴制作中。

5. 面团醒发的作用

醒发可以增强面团延伸性，利于面团体积充分膨胀，改善面包的内部结构，使其疏松多孔。

五、美食小结

喜洲粑粑历史悠久，在大理随处可见、价格不一，其中喜洲当地制作的喜洲粑粑最为正宗。所以，为了感受历史名城的饮食文化，人们喜欢多跑上几里路，吃个喜洲粑粑，甜在舌尖，美在心底。

下关沱茶

一、文化概说

下关沱茶是一种紧压茶，因创制于云南省大理市下关镇而得名。

沱茶历史悠久，明代《滇略》一书有“士庶所用，皆普茶也，蒸而团之”的记载。此为沱茶的早期形式。现代形状的云南沱茶创制于清光绪二十八年（1902 年），由普洱市景谷县“姑娘茶”（又叫“私房茶”）演变而来。

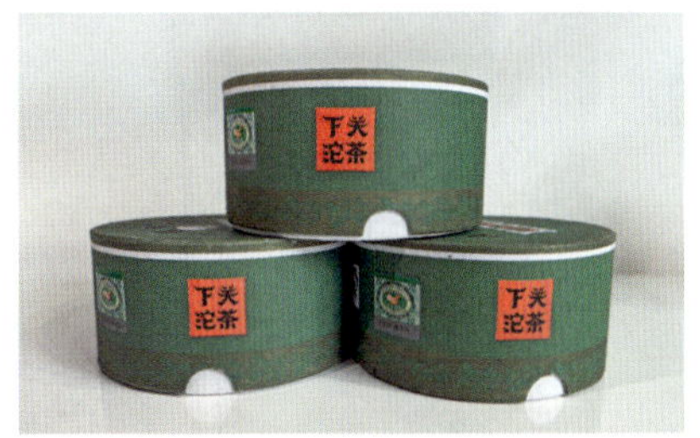

图 1–13 下关沱茶

清朝末期，云南茶叶集散市场逐渐转移到交通方便、工商业发达的下关。下关“永昌祥”“复春和”等茶商将团茶改制成碗状的沱茶，并通过茶马古道源源不断地将沱茶输送到滇西北、西藏和四川等地，使大理成为中原、东南亚、南亚、西亚文化的交融之地，满足了各族人民的生活需要。20 世纪 60 年代后，人们逐渐采用新技术制茶，并用机器代替部分手工操作，但传统手工技艺在关键步骤中仍有保留。

图 1–14　中国非物质文化遗产——茶马古道

如今，下关沱茶（传统手工技艺）已被列为国家级非物质文化遗产。下关沱茶选用云南省临沧市、保山市、普洱市等地的 30 多个县出产的名茶作为原料，经人工揉制、机器压紧等数道工序制作而成，其形如碗状，色泽乌润，香气馥郁，汤色橙黄清亮，滋味醇爽回甘。下关沱茶与云南白药、云烟一道被誉为“滇中三宝”，至今影响力较大的当属云南下关沱茶（集团）股份有限公司（前身为云南省下关茶厂，位于大理市）生产的沱茶，这里优越的地理位置为下关沱茶的优良品质提供了得天独厚的条件。

二、制作流程

沱茶的制作流程：

图 1–15　下关甲沱沱茶

图 1–16　下关特级沱茶

原料配制→筛分→捡剔→称茶→蒸茶→揉捻→压制成型→定型→脱袋→干燥→包装→下关沱茶

三、操作要点

（1）以上等“滇青”毛茶为原料。

（2）毛茶筛分后可分为头盖、二盖和底茶等。沱茶盖茶使用的头盖、二盖茶必须白毫显露、条索肥硕油润，其余茶则按照底茶品质要求并入沱茶底部。

（3）盖茶与底茶的捡剔工序各有讲究，其中盖茶必须拣出黄梗、老梗、白梗、红梗及其他非茶类夹杂物，底茶需拣出老梗、白梗、黄叶和发酵叶及其他非茶类夹杂物。

（4）沱茶按照比例称取后倒入甑里或蒸汽锅炉蒸。

（5）沱茶揉制过程中要保持茶叶清洁、柔软、无破漏。压工要做到压制端正，不端正的部分要及时剔除。压制好的沱茶放到凉茶架上冷却定型。

（6）传统的干燥方法是把蒸、揉好的沱茶重叠摆放在茶盘上，让其自然晾干，因而耗时较长。如今，人们直接把半制品放入干燥室干燥。

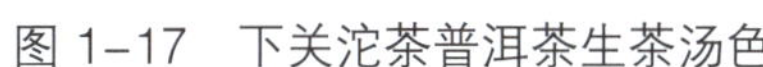

图 1-17　下关沱茶普洱茶生茶汤色

图 1-18　下关沱茶普洱茶熟茶汤色

四、美食知识

1. 揉　捻

蒸茶之后，茶叶温度高，内含物的分子结构松散，叶子的柔软性、黏性和可塑性较强，制成的条形紧结、均匀。揉捻压力应遵循“轻、重、轻”的原则。最初，茶叶脆弱，要轻压；待中间时，茶汁出来，茶叶湿润，可重压；

最后要防止揉碎，尽量轻揉。茶叶成条率在 80% 以上、细胞破坏率在 45% ~ 60%，茶叶粘附叶面，手摸有沾手、湿润的感觉，即完成揉捻。

2. 茶叶的杀青方式

常见的茶叶杀青方式有以下 4 种：（1）烘青。烘青是较为常见的干燥方式。烘青就是对茶叶进行物理加热，使茶叶水分流失，受热较为均匀，无异杂味。（2）炒青。炒青常见于名优绿茶的制作中，其香气较为高扬。（3）晒青。晒青以云贵川高原的茶叶制作为代表。因该地区海拔较高，温度和热量也较高，茶叶初制完成之后，经过太阳光的照射即可完成茶叶的干燥。（4）蒸青。蒸青茶是我国古代最早发明的一种茶类。据“茶圣”陆羽的《茶经》记载，其制法为：“晴，采之。蒸之，捣之，拍之，焙之，穿之，封之，茶之干矣。”蒸汽杀青温度高、时间短，叶绿素破坏较少，整个制作过程没有闷压，这样制成的茶叶色绿汤绿。

五、美食小结

下关沱茶，美名远扬。为了让品茶者获得满口的清香，下关沱茶一定要独立储存于干燥的地方，防止串味、吸潮。

第二篇　宾川县

宾川县是以汉族为主的多民族聚居地，地处云南省西部，云岭横断山脉边缘，金沙江南岸干热河谷地区，云贵高原西南部。宾川县地势东西高、中部低，形成大面积的“坝子”地形，境内有纳溪河、平川河、清水河、朵背箐河4条水系，其中纳溪河最大，纵贯宾川中部坝区。宾川县四通八达，东与楚雄州大姚县接壤，南与祥云县相连，西与大理市及洱源县邻近，北与鹤庆县及丽江市永胜县毗邻，在物资、交通等方面较有优势。

图 2-1　宾川——中国葡萄之乡

图 2-2　大理引洱入宾工程

宾川县的日照较其他地方强烈，因而这里常年干旱，是西南片区有名的“干旱坝子”。当地有不少村子因干旱缺水而得名，如“干甸村”“干河箐”“干地村”等。当地还有“十年九旱”“滴水贵如油，年年为水愁”“好个宾川坝，有雨四周下，冬春夏季干起火，七八九月冲田坝”之说。为解决这个关系到宾川老百姓民生的干旱难题，在中央和地方政府的支持下，宾川人民深切期盼的“引洱入宾”大工程于1987年正式启动。这是原国家计委和水利电力部批准兴建的高原跨流域调水的重要工程，也是云南省委、省政府为解决全省几个大坝子干旱缺水问题而采取的重大措施之一，是云南省和大理州“七五”

重点建设项目。该工程从洱海引水至宾川坝子，经过七年的全力建设，在 1994 年 4 月 26 日建成竣工。这项引水工程将洱海之水引入宾川境内，使得宾川大大小小的沟渠流动着新鲜的“血液”，重新恢复勃勃生机，旱地变绿洲。

宾川天气炎热，阳光充足，适合种植柑橘、葡萄、核桃、石榴等经济作物。经过十多年的努力，宾川成为名副其实的“水果之乡”，带动了当地经济的发展。如今，“宾川红提葡萄”“宾川朱苦拉咖啡”已成功注册为中国地理标志产品。水果产业的兴起促进了很多行业的发展，例如泡沫箱、纸箱、塑料筐包装，以及滴灌带生产及塑料再生颗粒的利用等。同时，果蔬冷链、贮藏保鲜冷库如雨后春笋般涌现。最值得一提的是，线上线下共同销售的模式越来越多，电商也应运而生，许多慕名而来的同行不单参观宾川的农业，还特别强调要学习当地电商的运作模式。

图 2-3　宾川鸡足山（李绍杰提供）

让宾川知名的还有旅游文化。很多人对宾川的最初了解几乎源于“宾川鸡足山”。鸡足山是享誉南亚、东南亚的佛教圣地，因“前列三峰，后拖一岭，俨然鸡足”而得名。鸡足山气候温暖湿润，酷暑时节，本地人都要专门上山避暑，是休闲的好去处。鸡足山流行的素食宣扬的是一种健康养生的饮食理念，渗透着人们对于美食与健康的追求。

从鸡足山下来，就得听听老百姓的推荐了，他们常挂嘴边的就是宾川最地道的美食——宾川海稍鱼、韭菜腌菜、朱苦拉咖啡、二队咖啡、特色水果……宾川海稍鱼离不开海稍水库的水，更离不开那一碗热油泼下发出“刺啦”声响的蘸水；韭菜腌菜离不开大山后村，更离不开只有宾川才发酵得出来的味道；朱苦拉咖啡离不开最早的法国传教士，离不开朱苦拉那片土地；二队咖啡离不开印度尼西亚、越南、泰国归侨，离不开当地人情有独钟的冰镇咖啡，离不开浓荫遮日的小树林；宾川水果离不开热烘烘的气候，更离不开老百姓咸湿的汗水。

宾川人的性格和脾气就像宾川的气候，热情、豪爽，也极为率直，敢闯敢干，说到做到。宾川人可能是整个大理州最讲究吃的人群，生活中鸡毛蒜皮的小事他们可以睁只眼闭只眼，但对待“吃”他们可不会稀里糊涂。宾川人在外品尝到美食，回家就赶紧学做起来，与全家人分享美味，这一现象在跑车人群中较为常见。

宾川有太多值得细细品尝与研究的美食，本书只能简单列举一二。

海稍鱼

一、文化概说

远道而来的客人很好奇，他们听过罗非鱼、鲶鱼、鲫鱼、江鱼，就是没听过“海稍鱼”。海稍鱼是什么鱼呢？其实，海稍鱼并不是鱼的品种，而是因产于宾川县乔甸镇的海稍水库而得名。

图 2–4　宾川海稍水库

海稍鱼香飘全国各地，乃至在东南亚都小有名气，这和海稍当地一位叫安学贵的彝族农民有关。很多年前，马帮队伍往返于宾川县与祥云县之间驮运货物，并在海稍水库附近形成了中转站。马帮队经常在海稍停下来吃饭喝茶，于是当地的许多人就萌发了做生意的想法。安学贵平日里靠种地、帮水管所打渔养家糊口，对鱼的烹饪也有自己的见解。海稍水库盛产的大头白鲢鱼，肉质上乘，口感颇好，但腥味太重。于是安学贵就在煮鱼过程中添加很多调味料去腥，慢慢地他就掌握了一门煮鱼的手艺。1983 年，国家实行“包产到户”的农村改革，安学贵借机贷款 500 元，在公路边建了一家名为“鲜食鱼馆”的店铺，共 3 小间铺面。从此，他家的生意和生活都挤在这里。最初的售卖方式是用 5 千克以上的大鱼煮好一大锅后“按碗售卖”，后面转变为“以斤售卖”。后来，前来品尝的人越来越多，而类似的鱼店也多了起来。再后来，这道菜传来传去，被传成了“海稍鱼”。

图 2–5　宾川海稍鱼

图 2–6　宾川海稍鱼蘸水

海稍鱼有两种口味：一味为清汤，一味为酸辣汤。清汤汤色乳白、味鲜爽嫩，酸辣汤汤色暗红、味重适口。1996 年，安学贵针对爱吃辣的消费者专门制作了蘸水，用现炒好的蘸水料淋刚煮好的鱼汤，滋啦作响、蒜香扑鼻，令人直咽口水。1998 年，海稍鱼再次升级，在煮鱼过程中加入洋芋，别有一番滋味。当年，安学贵注册了商标“安贵海稍鱼”。

2016 年，安学贵被评为非物质文化遗产（海稍鱼）制作技艺代表性传承人，负责传承宾川独特的饮食文化。

二、制作流程

1. 酸辣海稍鱼的制作流程

鲢鱼→刮鱼鳞→洗净→切块→菜籽油烧热→加入鱼肉→加调料炒至半熟→加水→加其他调料→大火烧开→中火煮制→加入葱、芫荽→酸辣海稍鱼

2. 清汤海稍鱼的制作流程

鲢鱼→刮鱼鳞→洗净→切块→菜籽油烧热→加调料爆香→加水→加入鱼肉

→大火烧开→中火煮制→加入葱、芫荽→清汤海稍鱼

3. 海稍鱼蘸水的制作流程

干辣椒面 + 花椒面 + 蒜泥 + 芝麻 + 花生等→用油炒制→滚油淋调料→加入味精、葱花等调料→淋鱼汤→滋啦声响→海稍鱼蘸水

三、操作要点

（1）在原料选择上，要选择海稍水库的鲢鱼。海稍水库水质好，鲢鱼肉质鲜嫩。

（2）鲢鱼鱼鳞刮净之后，可将鱼一分为二，一半煮酸辣鱼，一半煮清汤鱼。

（3）清汤鱼制作中，调料要经过爆香，以降低鱼腥味。

（4）海稍鱼起锅前才加入葱和芫荽，以更好地保留调料的清香味。

图 2–7　宾川海稍水库旁的石房子鱼庄

（5）制作海稍鱼蘸水的辣椒面要用火烧辣椒面，在用油炒调料过程中小心糊锅。蘸水现炒现吃，口感最佳。

四、美食小结

海稍鱼是宾川最亮丽的一道美食，尤其酸辣味海稍鱼口味浓烈、酸爽适口。蘸水是海稍鱼的灵魂，海稍鱼蘸水制品虽然使用起来方便了很多，但在鱼汤淋上后没有嗞嗞作响，难免少了些许吃海稍鱼的乐趣！

鸡足山素食

一、文化概说

宾川鸡足山是著名的佛教圣地，素有“鸡足奇秀甲天下”“灵山佛都”“旅游胜地”“天开佛国”“华夏第一佛山”等美誉。

慕名前来的游客除了到“灵山一会”外，还格外惦记着鸡足山的素食。鸡足山素食即佛家斋菜，有烧炒、冷盘、汤食三大类，通常以豆制品、面筋为原料，配上鸡足山产的冷菌、香菌、青蛙皮、黄金片、金雀花、竹笋等，用植物

油烹制而成。

供宾客享用的素菜模仿荤菜制成佛家“素八大碗”“素十大碗”，有袈裟肉、佛珠鱼、佛珠鸡、素火腿、素千张、素鸡蛋、素猪肝片、素排骨、素粉蒸、八宝饭等数十种。素食菜肴具有丰富的营养价值和难辨真假的精美造型，是鸡足山景区的一道亮丽风景线！素食制作的原材料主要是魔芋、面筋和豆干，其弹性和遇冷凝固的特性与天然色素稍微一配合，在造型上就能和传统荤菜相媲美。

图 2–8　本书编者于鸡足山调研

图 2–9　宾川鸡足山景区

随着经济的发展，人们的生活水平得到提高，同时慢性病问题日益突出。如今，人们越发认识到日常保健的重要性，素食因此越来越受追捧。以前，提到素食，大多数人想到的可能就是寺庙里的斋饭；现在，素食已经走出寺庙进入餐饮大市场。素食餐厅越来越多，很多食客来到素食店后，自发地帮忙打扫卫生、洗碗筷。在素食餐厅，菜肴方面有蔬菜、瓜果等多种选择，五谷杂粮鲜榨汁随手可得。这些素食餐厅虽然品类繁多，但都不及鸡足山寺庙里的素食。鸡足山的素食，丰盛而不油腻，形态千万而不单调，尤其“九莲寺”素食最为典型。九莲寺是进入鸡足山山门“灵山一会”牌坊后的第一座寺院，历代皆用作接待。这里接待用素食，色香味俱全，形态逼真，为佛家素食瑰宝。

为了发扬“绿色、养生、创意、共享”的素食主义，以食为天，以善为名，弘扬农耕文明，2018 年宾川鸡足山首届“素食养生节”在鸡足山镇中心广场隆重举办，宾川县餐饮与美食协会、鸡足山香会街及鸡足山寺庙、大理的爱莲说素食餐馆以及宾川县金牛镇等宾川县的22支乡镇代表队均派出选手参赛，现场烹饪8个特色素食菜品进行评比，吸引了成千上万的游客、香客、食客和当地老百姓围观品尝。

图2-10　鸡足山素食——五花肉

图2-11　鸡足山素食——假酥肉

图2-12　鸡足山素食——冷菌汤

图2-13　鸡足山素食——炸三拼

图2-14　鸡足山小吃——荷叶包卤腐

二、美食知识

面筋，由麦胶蛋白质和麦谷蛋白质组成，是一种植物性蛋白质。在面粉中加入适量水、少许食盐，搅匀上劲，形成面团，用清水反复搓洗，把面团中的淀粉和其他杂质洗掉，剩下的即为面筋。面筋有油面筋和水面筋之分，油面筋即将面筋团成球形，投入热油锅内炸至金黄色；水面筋即将洗好的面筋投入沸水锅内煮熟。面筋的营养较高，尤其是蛋白质含量，属于高蛋白、低脂肪、低糖、低热量食物。

韭菜腌菜

一、文化概说

在宾川的所有腌菜制品中，韭菜腌菜最为个性。在大理，唯有宾川能将韭菜腌制成酸腌菜。据《山海经》记载："丹熏之山、北单之山、崃山、鸡山、边春之山、视山，其山多韭。”这里的“鸡山”，指的就是今天的宾川一带。相传清朝康熙年间，有带韭菜腌菜出征良将者，其体格魁梧彪悍，瘟疫不侵。据说解放宾川之时，贺龙将军十分赞赏此道美食。

韭菜腌菜是宾川人的乡愁。外出打工或求学者，为了行囊上的轻便，不喜欢带很多的东西，然而韭菜腌菜是非带不可的。韭菜腌菜一直有“闻着臭，吃着香”的说法，曾有到北京上大学的学生，带了一罐韭菜腌菜去坐火车，在火车上他受到周围乘客的抗议，弄得他有些为难——韭菜腌菜留着也不是，丢也不是。好在小伙子聪明，干脆打开腌菜罐，请旁边的乘客尝一尝韭菜腌菜独特的酸香味，结果乘客们惊讶不已，不禁赞叹：跑了大半个中国，没吃过这样的美味！

图 2–15　宾川韭菜腌菜

图 2–16　宾川名菜——韭菜腌菜炒肉

韭菜腌菜已被纳入非物质文化遗产名录，而其口感最为地道的当属宾川县州城镇大山后村王之芳家所腌制的。2014 年，王之芳被评为韭菜腌菜县级非物质文化遗产传承人。

在宾川人的餐桌上，韭菜腌菜必不可少，其中炒肉、煮泥鳅最为常见，酸辣爽口，是个下饭佳肴。韭菜腌菜一般在每年的农历四、五月和八、九月腌制。每当腌制韭菜的季节来临，一家老小坐下来一边聊家常一边为腌制环节忙活着，其乐融融。这个时候走进家家户户的院子，都可以看见院角陈列着大大小小的罐子。大自然的发酵循序渐进，赋予每一个罐子爽口酸香。

二、制作流程

韭菜腌菜的制作过程：

韭菜→择捡→清洗→捆扎→晾晒→切分→调配→混料→装罐→并罐→扑水→封罐→腌制→韭菜腌菜

三、操作要点

（1）韭菜尽量选择小韭菜品种，口感更佳。

（2）一般情况下，要择捡、剔掉韭菜的死叶、黄叶、苔心、死皮，掐掉韭菜的黄尖。有的家庭会将韭菜花留下，但成品口感稍粗糙。

（3）韭菜用冷水浸泡后洗去泥沙等杂质。

（4）用头一天浸泡软化的稻草将韭菜捆成小捆并晾晒于通风处，尽量不要阳光直晒，否则腌菜颜色呈现暗沉的黄绿色，影响品相。

（5）将晾晒后的韭菜切成 2 厘米左右的小段，撒上盐和辣椒面。辣椒尽量选择用石臼或钢臼舂制，要求粗细适当。

（6）将调料与韭菜混合后装罐、压紧，所有罐子尽量采用新罐并且清洗干净，不能碰及油污，尤其猪油，否则易变质。

（7）由于盐的高渗透压作用，在韭菜腌制过程中有水分析出，需要扑水和并罐，并且需要反复操作，大概持续一周。扑水越充分，保存期越长。

（8）将整罐韭菜放在阴凉的地方腌制 15 天左右即可食用。

四、美食小结

由于家庭式的韭菜腌菜腌制过程烦琐，遇上销售旺季的时候，为了缩短韭菜的发酵时间，小商贩们会在腌制过程中加入柠檬酸等酸性物质。这样腌制出来的韭菜腌菜，其口感肯定不如自然发酵所赋予的酸香味自然与绵长。另外，值得关注的是，土壤、蔬菜中含有硝酸盐，韭菜腌制过程中微生物会将硝酸盐还原成亚硝酸盐，根据科学膳食建议，韭菜腌制时间应在 15 天以上再食用，以降低亚硝酸盐的不良影响。

图 2–17　宾川农户家腌制的韭菜腌菜

第三篇　洱源县

洱源县历史悠久，是洱海的发源地，位于大理白族自治州北部，地形地貌复杂，山岭纵横，河湖交错，交通大多为弯曲山路。洱源县东与鹤庆县相连，南达洱海北岸，西边紧靠云龙、漾濞二县，北通剑川县及丽江市。洱源因自然资源丰富，被人们赞誉为“梅子之乡”“乳牛之乡”“温泉之乡”“兰花之乡”。

图 3–1　洱源县地热国温泉

洱源景色迷人，是大理苍山洱海国家级风景名胜区的重要组成部分。洱源比较有名的景点有西湖、地热国、茈碧湖、金梭岛、下山口、罗坪山等。洱源境内地热资源丰富，年产 38 ~ 78℃的温水 308 万立方米。其中，洱源西湖是南诏、大理国时期较多重要历史事件发生的地方，是白族重要历史人物白洁夫人生活战斗过的地方，也是白族火把节的重要起源地。

图 3–2　洱源县西湖美景

洱源属北亚热带季风气候，气候温和湿润，春暖冬干，夏秋多雨。适宜的气候使洱源形成种植各种名、特、优、稀经济林果的传统，素有“林果之乡”的美誉。在洱源出产的众多林果经济作物中，以梅子最为著名。洱源梅子质优个大，色泽褐黄，含有多种维生素、有机酸，不仅是生津止渴的消暑水果，而且是医疗上用途甚广的药品原料。随着科学技术的不断进步，梅子的栽培技术得到不断提高，梅果产品开发有果脯、果酒、饮料和调味品 4 大系列 150 多个品种。

在洱源，闻名遐迩的不只是梅果，还有白族的一道传统名菜——大理生皮。逢年过节，白族人离不开生皮，而洱源的生皮最为地道。生猪宰杀后，用松针烧掉猪毛，然后用热水洗净，选取猪后腿肉和里脊、腰脊作为主料，这样猪皮金黄、肉质细嫩的生皮就做好了，再配上秘制蘸水，就形成了一道独特的风味美食。

洱源的美食远不止于此。近几年，洱源县探索和总结出一条符合县情的烤烟、林果、乳畜、水产、生物资源、旅游等产业协调发展的路子，经济建设和各项事业得到可持续、健康发展。

生 皮

一、文化概说

生皮，在白语中又叫“黑格”，是大理白族的一道传统菜肴。白族“食生”习俗源远流长。公元 862 年（唐懿宗咸通三年，南诏世隆年间），唐朝派安南经略使蔡袭幕僚樊绰考察南诏国之后，他在《滇南新语》中记载：“生啖彘……碎切生彘肉，杂以生豆腐、豆瓣、蒜、醋之属，或挺豕击毙，从草燎毛，入涧洗净，仿前切制。均生啖如嗜珍惜，遇佳节，比户皆然，然剑人究以燎毛为上品。”元代，李京在《云南志略》“诸夷风俗”中说：“白人，有姓氏”，“食贵生，如猪、牛、羊、鱼皆生醢之，和以蒜泥而食”。

在大理，生皮是白族人招待客人的最高礼遇，其中洱源生皮为上品。洱源人一般在农历的十月初十以后吃生皮。秋收后，家里的猪被喂得白白胖胖，家人们齐聚后才准备杀猪事宜，一方面以示杀猪的隆重，另一方面也是为了犒慰出门在外的家人。宰猪头一天，亲朋好友齐聚一堂，聊聊家常，凌晨时开始烧上几大锅烫猪用的开水，水开时，杀猪匠来了，

图 3–3 洱源生皮

生皮的制作开始了……

图 3-4　火烧猪

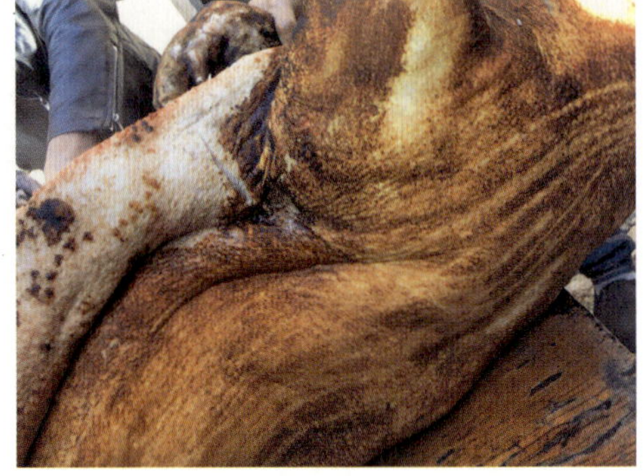

图 3-5　金灿灿的火烧猪

用稻草或松针烧去猪毛，生猪便成了名副其实的“火烧猪”。通过火烤，猪皮被烧得金灿灿、脆嫩嫩的，实在令人垂涎欲滴。这时，皮子大半已经被烧熟，可以开始按部位切分制作生皮菜肴了。生皮的吃法有两种：一种是将作料与生皮拌匀制成凉拌生皮，另一种是将生皮与蘸水分开，生皮在蘸水里裹上一圈后放入嘴里咀嚼，“嘎吱、嘎吱、嘎吱”的声响带来满口清香。

二、制作流程

生皮的制作流程：

生猪→宰杀→稻草、麦秆或者松针盖住烧制→刮去猪毛→二次烧制→反复烧刮→洗净→火烧猪→开膛破肚→切分→生皮

三、操作要点

（1）生猪宰杀前应进行检验检疫，不能用米砂猪、病猪和老母猪制作生皮，用这类猪制作生皮，不仅会影响口感还会影响健康。

（2）将整头猪置于稻草火上烘烤，待烤至半生半熟时去毛，然后继续烤。反复烤制，直至皮肉呈金黄色。

（3）吃生皮的地区多有温泉，而用温泉水洗净的猪皮色泽金黄、肉质细嫩。

（4）上好的生皮主要选取后腿肉和里脊、腰脊作为原料。

图 3-6　火烧猪开膛破肚

（5）生皮要切得细而不碎。蘸水选取地道的梅子老醋、野花椒、煳辣子、芫荽、小香葱、生姜、川芎叶、薄荷叶、香椽丝、萝卜丝等混合制成。配料配制过程非常讲究，其中香椽丝或萝卜丝不仅要切得均匀，而且要丝丝可数。

（6）食用生皮后尽量饮用温水。

四、美食知识

1. 生皮是“生”的吗

其实，生皮不是完全的生肉。稻草或松针烧去猪毛后，生猪即变成“火烧猪”，通过烧、烤，猪皮呈现黄金色，口感脆嫩，大半已经烧熟。

图 3–7　生皮蘸水

2. 宰前检验

为保证肉品卫生质量，生猪宰杀前检疫站需进行检验，并且重点检验生猪是否患烈性传染病和一般传染病，做到病健隔离、病健分宰。

3. 宰后检验

生猪宰杀后需进行宰后检验。宰后检验主要包括头部检验、肉尸检验、内脏检验和寄生虫检验。经检验后，根据肉品的健康情况分别分级为可制生皮的优质肉、合格良质肉、有条件可食肉和废弃肉处理，并盖相应兽医验讫印章。

五、美食小结

火烧猪的加工工艺比较烦琐，随着生活节奏的加快，人们大多选择用汽油喷灯等方式烧制生皮，但口感远远不能与传统方法相媲美。对远道而来的游客来说，生皮被形容为“血腥”的菜肴，令人望而却步。其实，生猪经过宰前和宰后检验检疫合格后，生皮是一道既安全又独特的美食。

雕　梅

一、文化概说

洱源素有“梅子之乡”的美誉，有着成片的梅林。梅子成熟时，白族姑娘们喜欢把梅子做成“雕梅”。雕梅既是白族传统名特食品，也是一种精心雕琢的手工艺品。

文人墨客有一首赞誉雕梅的诗写道：“小小青梅上指尖，巧手翻作玉菊兰。蜜糖浸渍味鲜美，疑是仙葩落人间。”雕梅因在青梅果上雕刻花纹而得名。

图 3-8　洱源雕梅

图 3-9　在梅果上雕刻花纹

白族姑娘大多从小就学着制作雕梅，久而久之，这项手艺成了衡量一个白族姑娘是否心灵手巧的标准。当地有这样的婚俗，姑娘出嫁前呈献给婆家的见面礼中就有一盘姑娘精心雕制的雕梅。结婚时，新娘“摆果酒”招待宾客，桌上陈列着新娘带来的蜜饯、干果、雕梅等，这时雕梅的制作技艺和味道便成了人们聊天的热门话题。

图 3-10　青　梅

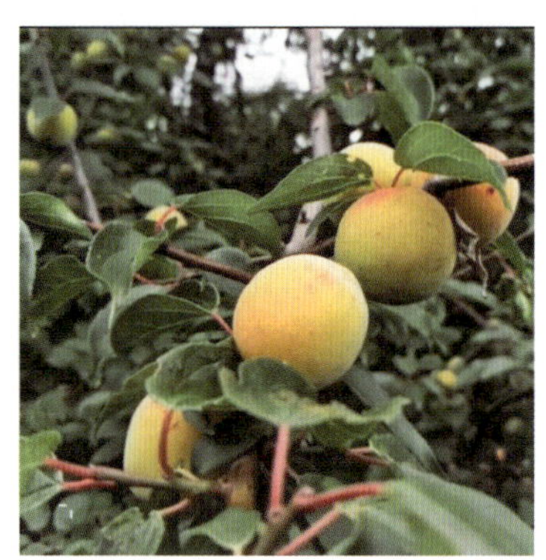

图 3-11　金黄的梅子

雕梅的制作尤其讲究。以梅子作原料，先用石灰水浸泡梅子，将梅子取出晾干后，再用雕刻刀在梅肉上雕刻出连续、曲折的花纹，然后从空隙处挤出梅核，将剩下的果肉轻轻压挤成菊花状，将锯齿形的梅饼放入清水盆中，撒上少许食盐，放入罐中，再用上等的白砂糖或红糖、蜂蜜浸泡数月，待梅饼呈金黄色时就可从罐中取出食用。

雕梅口味清香，酸中带甜，可生津解渴、开胃提神，含有丰富的维生素C、葡萄糖和氨基酸等营养成分，是一款对人体有益的食品。雕梅还可以作为雕梅酒、梅菜扣肉等特色食品的主要原材料。

二、制作流程

雕梅的制作流程：

新鲜盐梅→石灰水浸泡→晾干→雕刻花纹→盐水浸泡→挤出梅核→造型→白砂糖多次浸泡去酸→糖制压实→浸渍数月→雕梅

三、操作要点

（1）选择成熟度一致、大小均匀、无病虫害和机械损伤的优质青梅做原料。

（2）将挑选好的青梅放入石灰水溶液中浸泡数小时，以增加果实的硬度和脆性，提高青梅的口感。

（3）用专用雕梅刀在梅肉上雕刻“V”形花纹时，切勿断丝。将雕有花纹的梅子浸泡于盐水中数小时后取出，用雕梅刀背部从刻有花纹的空隙处小心挤出梅核，然后将果肉压成菊花状。

图 3-12　雕梅场景

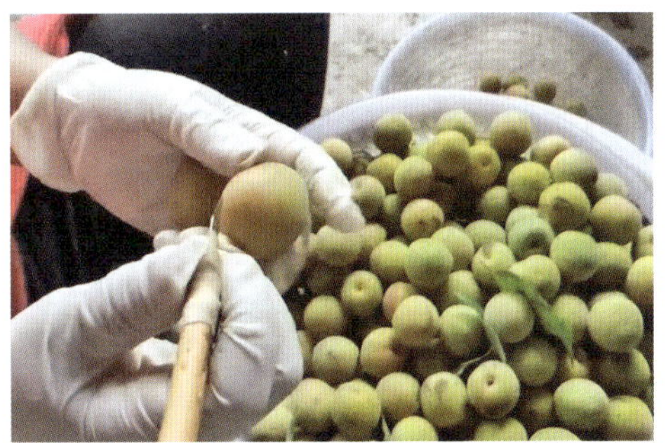

图 3-13　雕梅细节

（4）雕刻好的梅子需要在高浓度糖水溶液中反复多次浸泡，目的是除去梅肉中大量的有机酸。

（5）将雕梅整齐放入砂罐中压实。为了增加雕梅的渗透压，防止微生物的侵蚀，要一层雕梅一层白砂糖放入罐中，数月后即可食用。

四、美食知识

1. 石灰水浸泡的作用

石灰具有一定的杀菌、杀虫作用，可杀灭寄生在树干上的真菌、细菌和害虫。另外，石灰还具有硬化和保脆作用。

2. 盐水浸泡的作用

盐水对雕梅的质量有很大的影响，配制盐水所用的水一般为井水、泉水或硬度稍大的自来水，这样有利于保持梅子的脆性。

3. 糖制压实

雕梅在高浓度的糖液中浸泡数月后，高浓度糖液的渗透压使微生物细胞原生质脱水收缩，发生生理干燥而无法活动，从而达到果品可长期保存的作用。

五、美食小结

在中国，流传着这样一句话："要想抓住男人的心，得先抓住他的胃。"洱源的白族姑娘们把这个"胃"抓得非常到位，她们制作的雕梅酸酸甜甜的，就像恋爱的感觉！来大理的游客也为雕梅所着迷。大街小巷随处可见雕梅的身影，大坛小坛，游客们先尝后买，再加上金花的一一介绍，出商店时游客手上已是大包小包的雕梅产品了。

图 3–14　雕梅腌制场景

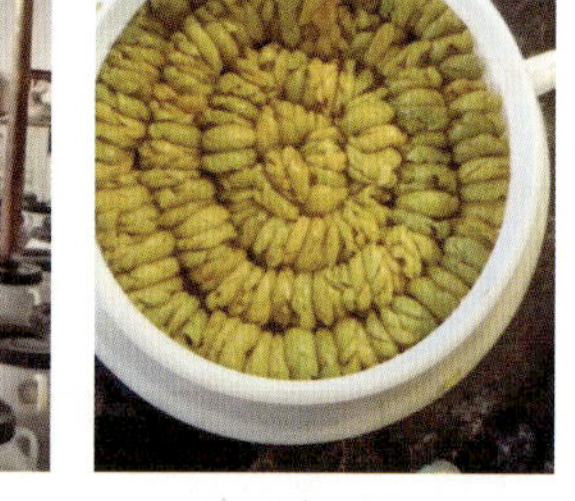

图 3–15　雕梅腌制

雕梅需要时间赋予酸香味，用民间工艺制作的雕梅虽然工艺精湛但产量低，并且手工作坊质量不统一。洱宝食品有限公司为了让雕梅更加深入人心，不断进行工艺研发，在提高质量、扩大产量，把梅子产业越做越强的同时，还非常注重助农工作，是当地响当当的得人心的企业。

乳　扇

一、文化概说

乳扇，又称为"乳线"，白语称之为"妞厍"（niushe）。乳扇起源于云南大理洱源县邓川镇。乳扇形制独特，是一种含水较少的薄片，呈乳色或乳黄色，大致如菱角状竹扇之形，两头有爪脚。

明末艾自修撰的《邓川州志》载："乳扇售之一张，值一钱，商贩载诸远为美味，香脆酥酪，凡家喂牛一头，日作乳扇二百张，八口之家，足资俯仰矣。”可见，当时养奶牛做乳扇已成邓川白族人民典型经济形态和生活常态，甚至是一个家庭和地区的重要经济形式。

图 3–16　洱源奶牛

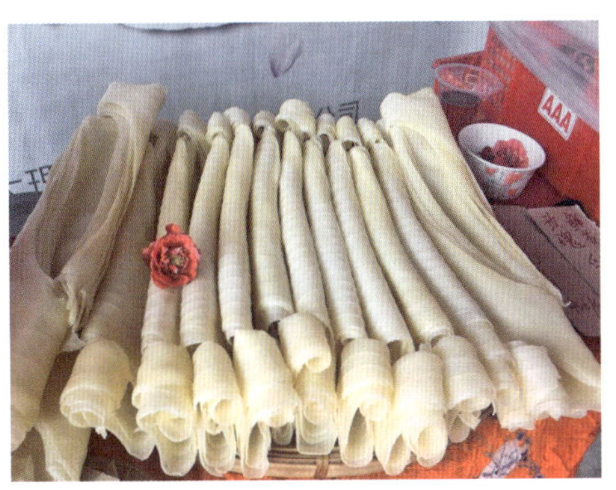

图 3–17　洱源乳扇

牛羊所泌出的鲜乳，口感温润顺滑、香甜醇厚，营养价值较高，可作为日常滋补品饮用。在常温下，乳汁几小时内就会发生自然酸败，因而不可久储。鲜奶如何才能做到长时间保鲜并长距离运销呢？为了攻克这一难题，东西方国家都不约而同地进行了艰难的探求和不懈的摸索。在牛奶的加工上，西方人将鲜牛奶制成奶酪，奶酪因此成为欧洲文明的重要饮食特征之一，而大理白族先民率先发现了凝乳原理，并巧妙地开发应用，创造出了乳扇。

乳扇，究其本质其实是一种奶酪，但其制作原理和工艺方法有别于西方奶酪，是一种独辟蹊径的乳酪杰作。制作乳扇时，取一定量酸液加热到 70℃左右后，倒入一定量的鲜奶汁，鲜奶中所含的酪蛋白质发生变性而凝固，牛奶逐渐生成絮状物，用勺器轻搅汇聚后，继续用手辅助搅捏成乳团，将乳团取出先压成圆饼，接着用两木棒在手中搓压成大长饼，最后将湿滑的乳饼片的两端拉出成角形，缠铺于竹制梯状晾架上，晾干取下即制成乳扇。在乳扇的制作中，酸液既可是前次制作乳扇剩留的乳清酸液（俗称酸浆），也可用泡木瓜（梅子）的水或白醋水。

图 3-18　乳扇的制作流程（a~h）

二、制作流程

乳扇的制作流程：

生鲜乳→净乳→乳清酸液→加热至 70℃→酪蛋白变性凝固→乳团→拉伸→成型→置于竹架→干燥→乳扇

图 3-19　酥脆的油炸乳扇

图 3-20　香味扑鼻的烤乳扇

三、操作要点

（1）选用乳脂、乳蛋白含量较高，符合质量要求的生鲜乳；弃用变质的、有抗生素残留的、患乳房炎的奶牛生产的生鲜乳。另外，奶牛注射过抗生素需经过休药期才可正常使用其乳汁。

（2）酸浆贮备容器要保持洁净，及时清除酸浆中漂浮的脂肪，以防杂菌滋生，酸浆 pH 值范围为 3.3 ~ 4.1，最好现配现用，以保持产品新鲜。

（3）加工、运输工具注意清洁卫生，定期对室内外环境进行清扫，对生产加工区定期进行消毒。

（4）鲜奶在酸浆中排乳清后在 70℃左右热烫拉伸性较好。

四、美食知识

1. 净　乳

为了保证原料乳的质量，刚挤出的牛乳需要进行过滤、净化等初步处理，目的是除去牛乳中的杂质、上皮细胞等，减少微生物的污染。

2. 酪蛋白变性凝固（乳扇形成原理）

蛋白质在某些物理和化学因素的作用下，其特定的空间构象被改变，鲜奶中的酪蛋白在受到酸的作用后，形成蛋白质网络结构而凝乳，以胶体的形式与乳清蛋白分离。

3. 乳扇保鲜方法

目前关于乳扇的保鲜研究较少，老百姓一般采用塑料袋、纱布等简单保鲜方法，一些中小型企业则用真空包装方式保鲜，还可以采用喷涂保鲜剂等涂膜保鲜。

4. 乳扇发酸的原因

新鲜乳扇在常温放置一段时间后口感变酸，主要是因为在牛奶凝乳过程中加入了酸水（酸乳清水），而酸水中含有丰富的乳酸菌和酵母菌，在常温下乳酸菌生长发酵产酸。

五、美食小结

乳扇下锅高温油炸后会像花儿一样绽放，需马上捞出摆盘，撒上白砂糖。烫乎乎的白糖溶解在乳扇里，吃起来香甜甜、酥脆脆的。乳扇含脂量稍高，血脂高的人群在食用时不要贪图美味，注意节制。

温泉炖鸡

一、文化概说

洱源县温泉遍布，是有名的“中国温泉之城”，当地百姓称之为“热水城”。温泉对于热水城人民来说，不仅是一种生活资源，更是一种生活方式、生活情怀。

热水城的九气台温泉“三步温泉四步汤，气蒸雾迷似仙乡”，因丰富的地热资源而闻名。对此，《徐霞客游记》这样写道：“西二里，湖中有阜中悬，百家居其上。南有一突石，高六尺，大三丈，其形如龟。北有一回冈，高四尺，长十余丈，东突而昂其首，则蛇石也。龟与蛇交盘于一阜之间，四旁沸泉腾溢者九穴，而龟之口向东南，蛇之口向东北，皆张吻吐沸，交流环溢于重湖之内。龟之上建玄武阁，以九穴环其下，今名九气台。”

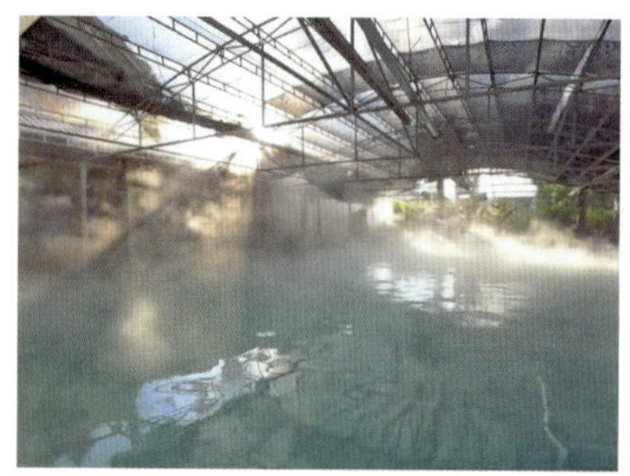

图 3-21　洱源温泉

九气台温泉属于硫磺泉，平均水温 76℃，泉水中富含天然硫磺和芒硝，富含钾、钠、钙、镁、铁等多种对人体有益的微量元素，对皮肤、风湿、腹疾和妇科病有理疗功效。

图 3-22　洱源地热国温泉

洱源县温泉星罗棋布，因温泉而生的“九气台温泉炖鸡”更是堪称一绝。

二、制作流程

选一只2千克左右重的土鸡，宰杀后褪毛洗净，除去内脏，用干净的纱布擦去鸡体上的水分，然后将鲜猪油、草果、花椒、白木瓜丝、姜丝等作料拌匀配好，抹在鸡身上，把整只鸡放入陶罐里，陶罐中不盛水，封好罐口，放入温泉中，24小时后取出，打开封口，把鸡肉倒入盆中，骨肉分离，鸡肉鲜嫩喷香。

图3-23　温泉炖鸡

三、美食知识

1. 温　泉

洱源的温泉是从地下自然涌出的，泉口温度高于当地年平均气温的地下天然泉水，含有对人体健康有益的微量元素。

2. 温泉的形成

一般而言，温泉的形成可分为两种：

一种是地壳内部的岩浆作用所形成，或为火山喷发所产生，火山活动过的死火山地形区，因地壳板块运动隆起的地表，其地底下还有未冷却的岩浆，这些岩浆不断地释放出大量的热能。由于此类热源可将热量集中，因此附近有孔隙的含水岩层的水，不仅会受热成为高温的热水，而且大部分会沸腾为蒸气，并且多为硫酸盐泉。

另一种是受地表水渗透循环作用所形成，即雨水降到地表并向下渗透，深入到地壳深处的含水层形成地下水，地下水受下方的地热加热成为热水。深部热水多数含有气体，这些气体以二氧化碳为主，热水温度升高时，上面若有致密、不透水的岩层阻挡去路，其压力便会越来越高，以致热水、蒸气处于高压状态，一有裂缝立即窜涌而出。上升的热水与下沉较迟受热的冷水因密度不同所产生的压力（静水压力差）反复循环产生对流，在开放性裂隙阻力较小的情况下，循裂隙上升涌出地表，热水即可源源不绝地涌升，最终流至地面，形成温泉。

四、美食小结

陶罐最经典的烹饪方法就是“炖”。这种烹饪方法与陶制炊具的诞生息息相关。陶罐作为水和食材的媒介，可将温度传给食材，让美味释放出来，与其他原料融合在一起，在保持食品原味的同时又吸收了温泉水特有的滋味。

洱源县城在时代里前行，热水城的故事还在推陈出新，洱源人对热水的爱意从来没有减却半分。热水城因地理优势受人青睐，九气台则以水质尤佳取胜。过去九气台热水被村民用作饮用水，用来煮菜做饭，就连做豆豉也要用热水煮制，温泉炖鸡、温泉煮鸡蛋更是经典之作。洱海之源的温泉犹如白族人民热情的性格，以最正宗的温泉炖鸡融入故乡的浓情。

第四篇　鹤庆县

鹤庆县位于云南省西北部，大理州北端，东有金沙江与丽江市永胜县相邻，南与宾川县接界，西与剑川县、洱源县接壤，北与丽江古城毗邻。

鹤庆县属冬干夏凉的高原季风气候，是介于亚热带与温带之间的过渡性气候区。由于特殊的地理环境，悬殊的地貌差异，鹤庆县形成了独特的“一山分四季，十里不同天”的立体气候。

图 4–1　鹤庆美景

丰富的土地资源、森林资源和水资源为鹤庆各产业的迅速发展提供了便利条件。旅游产业是鹤庆县的重要支撑产业，主要有三大旅游景区，即鹤庆黄龙潭景区、石宝山景区和银都水乡新华村景区。黄龙潭景区位于鹤庆古城西南螺峰山脚下，距县城2千米，拥有著名的“鹤阳八景”之一“螺峰野色”。鹤庆石宝山景区位于鹤庆坝子的东部，山中建有玉皇阁、太子阁、白衣阁、祖师殿、石宝寺等殿宇。每当农历二、八月，在石宝山可观望到一种奇异的自然景观——“石宝天光”，它是鹤庆府的八景之一。大理银都水乡新华村景区位于鹤庆县草海镇，是一个专门生产手工艺品的白族村子。新华村被定为“省级民族旅游村”。新华村民族手工艺品的生产基本是一家一个小作坊，一家一个品种，互不重复，每件工艺品在制作过程中只用简单的木墩、小手锤等工具，凭着打制工匠熟练的技巧、精湛的工艺，敲打出一件件民族饰品。

图4-2　鹤庆新华村

除了旅游业，鹤庆的美食也不容错过。鹤庆有三宝——乾酒、火腿、猪肝鲊。鹤庆汉子热情、豪爽，鹤庆乾酒也如他们的性格一般热烈而醇厚。春节前夕，鹤庆老百姓邀约着制作吹肝和骨头生（猪肝鲊），为新年准备浓浓的“年味儿”。走进鹤庆人家，一坛酒，一碗香喷喷的骨头生，一碟吹肝配着蘸水，一碟花生米，把酒言欢。这就是他们的热情好客所在，把家里的土生土长的美味与你分享，聊聊农作物，聊聊家庭和孩子，聊聊未来的打算，让人心头安稳踏实。

鹤庆的每一种经典的美食都体现着鹤庆人勤俭节约、物尽其用的特点。靠天吃饭，靠时间酝酿，安安稳稳，不求繁荣富贵，但求长长久久，越来越有，这就是鹤庆人所追求的。

鹤庆乾酒

一、文化概说

鹤庆乾酒是鹤庆县云鹤镇的特产。2014 年 2 月 13 日，原国家质检总局批准对“鹤庆乾酒”实施地理标志产品保护，鹤庆乾酒因此成为云南省“首例白酒地理标志产品”。

图 4–3　鹤庆乾酒产地

鹤庆乾酒历史渊源深厚，在民间还有一段颇具传奇色彩的故事：乾隆皇帝下江南，品遍了天下美味琼浆，在一次晚宴上，他品了一口鹤庆出产的西龙潭酒后，啧啧称赞道：“这真是天下少有的美酒啊！杜康在世，也未必能酿出这般美酒。”于是，这种酒被御封为每年进贡朝廷的贡品，定期呈贡。在滇西北一带流传的民间歌谣这样唱道：“丽江粑粑鹤庆酒，剑川木匠到处有。”可见，鹤庆酒在滇西北一带家喻户晓。

图 4–4　鹤庆乾酒厂

鹤庆乾酒的生产工艺与云南小曲酒生产工艺大同小异，都属于小曲清香型酒，接种量小，需要经过糖化培菌过程，发酵时间较短，香味清淡。鹤庆乾酒采用自主驯化的微生物菌种和新奇的制曲工艺，自主研发酒曲酿酒，口感香醇，在生产过程中控制杂醇等不良成分也有其独到之处。

图 4–5　鹤庆乾酒发酵地

二、制作流程

鹤庆乾酒的制作流程：

1. 一般制曲流程

大米粉、麦麸→（加入 56 味中草药种水）拌曲→揉团→入曲房→培菌→发汗→盖草洒水→培香→翻曲→晾头烧→翻

曲→晾正烧→翻曲→晾尾烧→发曲→晒曲→粉碎→酒曲→贮藏

2. 一般生产流程

原料→浸泡→淋洗→初蒸→煮粮→复蒸→摊凉→拌曲→装箱培菌→入坛发酵→蒸馏→量质摘→酒贮

三、操作要点

（1）原料浸泡：将大麦冷水浸泡 18 ~ 22 小时，透心率达 80% 以上。泡粮撤水后，淋洗、漂洗至无异味。

（2）初蒸：上汽均匀后，初蒸 25 ~ 30 分钟。

（3）煮粮：水淹过粮面 20 厘米左右，先用大汽蒸至微沸，后用小汽，粮粒不翻，开口率达 80% 以上。小翻花七至八成，但不能煮烂。

（4）复蒸：大汽复蒸 45 分钟以上，98% 以上大麦颗粒开口。

（5）摊凉、下曲：冬天与夏天有差异，冬天下曲温度也不同。

（6）装箱后的培菌时间为 24 ~ 26 小时，培菌温度 32 ~ 34℃，菌丝生长旺盛，有甜白酒香气，微酸、微甜，无馊味和酒味。

（7）发酵：准确控制培菌粮和配糟的配比与温度，发酵周期为 21 ~ 30 天。

（8）蒸馏：温度控制在 25 ~ 30℃，酒头按 7% 摘取，分级贮存，入库酒度不得低于 53% 酒精度，在陶坛贮存时间不少于 3 年。

四、美食知识

1. 酿酒原理

从发酵工艺来讲，酒精发酵是发酵醅、醪中的淀粉、糊精被糖化酶作用后水解生成糖类物质，蛋白质在蛋白酶的作用下水解生成小分子的蛋白胨、肽以及各种氨基酸。这些产物一部分被酵母细胞吸收，另一部分则发酵生成酒精和二氧化碳，还会产生副产物杂醇油、甘油等。酒曲中既有主要的生产菌酵母和霉菌——起到酒精发酵和淀粉糖化的协同作用，也有其他的辅助菌——起到产香产酯的作用或抑制杂菌的作用。

2. 酒的度数

酒的度数表示酒中含乙醇的体积百分比，通常是以 20℃时的体积比表示，如 50 度的酒，表示在 100 毫升的酒中，含有乙醇 50 毫升（20℃）。

3. 酒精度

酒精度一般以容量来计算，故在酒精浓度之后加上“Vol.”，以示与重量计算区别。

4. 酒精度的测定

一般采用酒度比重计法。酒度比重计是根据密度计的原理设计的。用精密酒精计读取酒精体积分数示值，查表进行温度校正，在 20℃时乙醇含量的体积分数即为酒精度。具体操作为：将试样液注入洁净、干燥的量筒中，静置数分钟，待酒中气泡消失后，放入洁净、擦干的酒精计，不接触量筒壁，同时插入温度计，平衡约 5 分钟后进行水平观测，读取与弯月面相切处的刻度示值，同时记录温度。根据测得的酒精计示值和温度查表，换算为 20℃时样品的酒精度，所得结果保留一位小数。

5. 啤酒的度数

啤酒的度数表示的不是乙醇含量，而是啤酒生产原料——麦芽汁的浓度。例如，12 度的啤酒，其实是麦芽汁发酵前浸出物的浓度为 12%。啤酒实际的酒度，一般为 2.5% ～ 4% 左右。啤酒属于低酒度酿造酒。葡萄酒也属于酿造酒，酒度一般为 12% ～ 15%。白酒属于蒸馏酒，酒度较高，一般在 40% ～ 60% 之间。

五、美食小结

鹤庆乾酒在工艺上克服了大麦酿酒蛋白质较高易形成高级醇的缺点，在生产上采用现代技术设备改良，在质量控制上使用现代分析检测仪器进行生产全过程检测控制。鹤庆乾酒麦香味浓郁，口感柔和，回味甘甜，广受大众欢迎。

吹　肝

一、文化概说

吹肝是鹤庆的特色食品，也是滇西北各民族（白族、彝族、纳西族等）常采用的做法。吹肝爽口无腥味，较易被大众接受。

鹤庆人将麦秆插入新鲜猪肝中并吹胀到最大，然后撤掉麦秆儿，将胀大的猪肝悬挂风干后做成淡季荤菜供应。食用吹肝时，用蒸笼蒸熟，放凉、切片，拌入芫荽、酱油、醋、辣椒、味精和盐后即成一道菜肴。吹肝切片切面有无数小气孔像海绵一样会吸水，吸收了充足的酸辣蘸水后，爽口至极。制作吹肝的调料也很丰富：有自家园子里种出来的红彤彤、香脆脆的手工舂制的新鲜辣椒面，有本地产的纯天然小香葱，有本地传统醋厂生产的老陈醋。值得一提的是，制作吹肝还需要用到鹤庆乾酒和玉龙雪山上流淌下来的纯天然雪水。

图 4-6　鹤庆凉拌吹肝

图 4-7　鹤庆吹肝切面

吹肝还有一种较为讲究的食用方法：将老茴香根洗净后加入猪的三线肉一同煮熟，然后切成薄片分层装盘。两块泡肝中间夹一片三线肉，香气扑鼻，令人回味无穷，老百姓又称之为“泡肝夹肥肉”。

二、制作流程及操作要点

秋收结束入冬以后，各家开始筹备杀年猪的事宜。主人家会提前邀约好亲朋好友来家里帮忙。杀年猪当天，天还没亮，就听到村子里传来猪的叫声。当天，猪的各个部位被厨子们做成美味的菜肴。空闲之余，杀猪匠开始清洗猪肝，检查猪肝是否有破损，是否漏气，接着拿起麦秆或者打气筒对着猪肝的气管，将猪肝吹得鼓鼓的，然后把辣子面、花椒面、切细的香葱和着乾酒，往猪肝气孔通道里填塞，直到填塞得差不多时，在外面涂上一些盐巴，用细麻绳将吹好的猪肝挂起晾晒。春节，亲朋好友登门拜访时，主人家取下吹肝在水里煮上几分钟去除灰尘、部分盐分，切片做成凉拌菜，味道纯美。

图 4-8　晾晒的吹肝

三、美食知识

1. 干肉制品

干肉制品指的是肉经过预加工后通过自然或人工的方法脱出一定量的水

分，将其水分活度降低到微生物难以利用的程度而制成的一类肉制品。将肉类等易腐食品脱水干制，既是一种加工方法，也是一种贮藏手段。

2. 干肉制品制作原理

肉品中含水量一般高达 70%，经脱水干制后，不仅缩小了肉品的体积，而且可以使肉品中的水分含量降低到 6% ~ 20%。肉品干制的基本原理就是通过脱去肉品中的一部分水，使肉中微生物的活力和酶的活力得到抑制，从而达到延长贮藏时间的目的。

3. 干肉制品含水量与贮藏性能的关系

一般干燥条件并不能使肉制品中的微生物完全致死，只能起到抑制作用，若环境适宜，微生物仍会生长繁殖。肉类在干制时一方面要进行适当的处理，以减少制品中的各类微生物的数量；另一方面肉类干制后要采用合适的包装材料和包装方法以防潮、防污染。干肉制品的保藏性与微生物、酶的活力以及脂肪的氧化等因素有关。

四、美食小结

吹肝是勤劳智慧的鹤庆白族人民的发明创造，他们充分利用食材来平衡肉食淡旺季供应。白族人民通过吹气使猪肝组织变得蓬松，以便于均匀涂抹食盐和香辛料，使其滋味浓郁，并通过风干和轻微的乳酸菌发酵消除猪肝的异味。目前，家庭制作吹肝常采用人工口吹，今后可在制作方法上进行创新，可研制特殊的打气筒吹气，以消除卫生隐患，进一步实现产业化的生产供应。

猪肝鲊（骨头生）

一、文化概说

滇西自古流传着这样的顺口溜：“丽江粑粑鹤庆酒，剑川婆姨猪肝鲊。”可见，鹤庆猪肝鲊的知名度非常高。鹤庆生产猪肝鲊已有 200 多年的历史。

鹤庆猪肝鲊是将猪肝、猪肚、猪肠子等内脏切碎，加粗磨的辣椒面、花椒、八角、草果、浓盐等作料潮腌而制成的。猪肝鲊是一道佐餐的荤腌咸菜，食用方便，味美开胃，是当地家常的调味佳品。

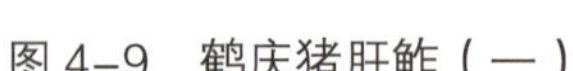
图 4-9　鹤庆猪肝鲊（一）

图 4-10　鹤庆猪肝鲊（二）

猪肝鲊一般在冬季加工，家家户户杀年猪时就是做猪肝鲊的最好时机，一季加工可常年食用。人们将猪的肋巴骨剁成寸骨，用玉龙雪山上流淌下来的雪水清洗，加上东山倒流箐的花椒面，还有江寅坝出产的生姜片，以及适量的盐，封存在瓦罐里，腌制到来年七八月再食用。腌制好的猪肝鲊，颜色如烈日般红，汁液微辣，味鲜香浓。猪肝鲊的吃法多种多样，可以蒸了吃，可以作调料，可以煮鱼吃，不管什么菜，只要放进去一点，立马提鲜，香气扑鼻。常见的猪肝鲊吃法有以下几种：一是猪肝鲊拌饭，即将猪肝鲊蒸熟后拌上米饭，使猪肝鲊的咸味与米饭完美融合，很是开胃。二是配着臭豆腐等食品一块烹饪，感受风味的冲撞与交融。三是与洋芋片共炒，或与鱼共煮，起到提香的作用。

图 4-11　猪肝鲊炖豆腐

二、制作流程

猪肝鲊的制作流程：

猪肚→晒干→切条

猪大肠→切节

排骨→砍寸段

猪肝→晾干→切丁或厚片

以上几种腌制 8 ~ 12 小时→装入瓦罐、玻璃瓶或陶瓷瓶中→瓶口处撒一

层盐→用水和面做成面盖→瓶口表层密封，以隔绝空气→瓶口扎紧→腌制 3 个月→猪肝鲊

三、操作要点

（1）猪大肠、猪肚洗净后冷水下锅氽水，加入姜、葱去腥，氽水时间一般为 20 分钟左右，然后取出悬挂晾干，以免发酸。

（2）晾干后的猪肚切条，猪大肠切成 3 厘米左右的节段，排骨砍成寸段，猪肝也要氽水晾干后切丁或厚片。

（3）将配料和原料搅拌均匀，静腌一晚后装入玻璃瓶或陶瓷瓶中，在瓶口处撒一层盐，用水和面做个面盖，密封瓶口表层以隔绝空气，然后用不透光的介质把瓶口扎紧，腌制 3 个月后即可食用。

四、美食知识

1. 食品腌制的原理及作用

食品腌制是指用盐或糖进行干腌或湿腌。糖和盐的高渗透压使食物脱水，降低了食物的水分活度，抑制了微生物的生长。（1）渗透作用。渗透是两种浓度不同的溶液在半渗透膜的作用下，较稀溶液中的溶剂通过膜的微孔进入较浓溶液的现象。鱼、肉、果、蔬等用食盐腌制时，细胞膜内液体的浓度低于膜外食盐水的浓度，膜内的水就会不断向外渗出，食物的体积就会缩小且组织变软，食物的水分活度降低，保藏性提高。（2）扩散作用。扩散是因分子或原子的热力运动而产生的物质迁移现象，主要由温度差或浓度差引起。分子迁移时，从浓度较高的区域向浓度较低的区域扩散，逐渐进入食物的组织内部，最终使食物成为腌制品。（3）发色作用。新鲜肉中的红色素高铁肌红蛋白经加热变成深褐色，影响外观，亚硝酸盐却能使腌肉在加热以后呈鲜红色。亚硝酸盐对肉毒梭状芽孢杆菌有抑制作用，并能赋予肉制品独特的风味。但亚硝酸盐经还原等反应会产生亚硝胺（强致癌物质），需严格限制其用量。（4）发酵作用。黄瓜、甘蓝、萝卜、蕌头、豇豆、番茄等蔬菜，香肠、牛干巴、火腿等肉类，都可通过发酵制成酸菜和发酵肉制品。在腌制肉制品的过程中，微生物通过发酵产生蛋白酶使蛋白质降解为氨基酸，使得肉制品变得更加鲜香且易于消化吸收。

白酒为中国特有的一种蒸馏酒，是世界六大蒸馏酒之一。白酒是一种以粮谷类淀粉或糖质为原料，以大曲、小曲或麸曲及酒母等为糖化发酵剂，制成酒醅或发酵后经蒸馏而制成的蒸馏酒。白酒酒质无色（或微黄）透明，气味芳香

纯正，入口绵甜爽净，酒精含量较高，经贮存后酯香味浓郁。

2. 白酒在腌制品中的作用

（1）有效抑制腌制品生花，例如泡菜的制作。（2）酒具有高渗透力，有助于盐类物质进入食品。例如做咸蛋时先用清水洗净鸡蛋，然后粘上白酒，再滚上精盐，利用酒的渗透力把盐带入蛋内，这样可缩短腌制咸蛋的周期。（3）杀菌、抑菌的作用。在腌制前，用白酒刷洗容器内壁可起到杀菌作用；在腌制过程中，加入白酒主要为了抑制杂菌的生长。（4）改善产品风味。酒精与有机酸可形成香酯类物质。

五、美食小结

猪肝鲊的制作不但弥补了日常生活的荤菜供应，丰富了膳食，还有效提高了猪肉的利用率，形成了地方特色产品和独特的饮食文化。

第五篇　剑川县

剑川位于云南省西北部，大理州北部，滇西北横断山中段，“三江并流”自然保护区南端，东邻鹤庆县，南接洱源县，西接兰坪、云龙二县，北靠丽江市，是州内主要的白族聚居县，也是全国白族人口比例最高的县份。

剑川历史悠久，文化灿烂。早在3000多年前，剑川先民就在这神奇美丽的土地上率先完成了由石器时代过渡到青铜器时代的历史性跨越，开创了云南“青铜文化”和“稻耕文化”的先河。早在秦汉之际，剑川就已成为南方丝绸之路的重要交通要冲，与中原、东南亚地区和中亚、西亚地区进行商贸文化往来。从元代起，剑川文风大开，明清时期，教育鼎盛，科第接踵，人才辈出，为云南之翘楚，因此被誉为“文献名邦”。与此同时，剑川石窟艺术闻名遐迩，木雕工艺精湛绝伦，也因此被文化部命名为“木雕艺术之乡”。

图5-1　剑川县

剑川是历代文人墨客及旅行家倾心向往之地。明代地理学家、旅行家徐霞客在《游滇日记》中对剑川的山川景物、风土人情作了绘声绘色的描述，赞赏不已；1956年，著名社会学家费孝通专程来石钟山石窟考察，尔后欣然为《剑川文化志》题写书名，还为剑川题字“文献名邦”；1998年4月，当代通俗小说大师金庸先生应邀来大理观光，并慕名专程到石宝山游览，挥毫题字“南天瑰宝”。

被列为“第一批全国重点文物保护单位”的剑川石钟山石窟，有AA级风景名胜区——千狮山；有雄踞滇西、神奇秀美，极具开发潜力，被列为“三江并流”自然遗产八大片区之一的“滇山之祖”——老君山；有与北京的长城、陕西的大秦宝塔一起被列为世界101个濒危建筑遗址的沙溪寺登街；有600多年历史、被省政府列为省级历史文化名城的剑川古城；有被誉为“高原明珠”的剑湖。另外，景风阁古建筑群和海门口遗址被列入全国第七批重点文物保护单位，“千狮双绝”被认证为大世界基尼斯之最，石宝山歌会节被评为“云南省最具影响力的旅游节庆活动”，“剑川木雕”成功注册国家地理标志商标。

剑川自然资源与人文历史文化资源丰富，山清水秀，气候宜人，物产富饶，盛产稻花鱼、地参、松茸、芸豆、山萮菜及多种药材。剑川特色生物资源丰富，又是当年茶马古道的必经之地，在物资交流繁荣的同时，饮食文化也不断交融，饮食中最具特色的有羊乳饼、粉蒸鱼、虫草参、泥鳅钻豆腐、松茸等。

图5-2　剑川千狮山

羊乳饼

一、文化概说

乳饼是大理白族人和滇东南彝族撒尼人制作的一种奶酪（cheese）的名称，白语称为“yond bap”，用牛奶或山羊奶制成，因其乳白色的外观看起来很像豆腐，所以又称“奶豆腐”。乳饼风味独特，乳香味浓郁，有嚼劲，具有丰富的营养价值和保健功效。大理乳饼以大理剑川一带的羊乳饼质量最好，口感最为浓郁。在剑川，老百姓常把羊乳饼作为上等佳肴款待贵宾或作为礼品赠送客人。

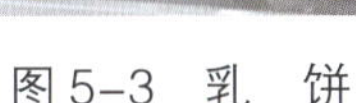

图 5-3　乳　饼

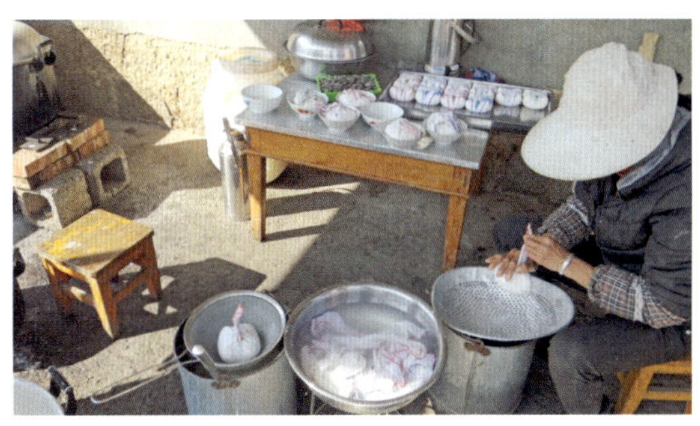

图 5-4　农户制作的乳饼

乳饼并不是一种新奇的食品，乳饼出现的时间大概在 9 世纪前。在民间，流传着一个关于乳饼的故事：相传很久以前，每逢冬季来临，人们就要把羊群赶出去放牧，而水草多的地方又远离村镇，也没有好的贮藏鲜奶的办法，于是鲜奶从牧场运回来时，往往已经发酵变酸。由于酸败，羊奶不能食用，只能倒掉，十分可惜。后来，一位聪明的年轻人从邻居制作豆腐的过程中得到启示。这个年轻人反复实践后，形成了用酸浆水点羊奶的方法制作奶豆腐，但奶豆腐水分太高，不易保存，于是他又想办法用压榨过滤的方法去除过多水分，再将奶豆腐压制成方形或椭圆形，由此创造了剑川特色鲜乳饼。

剑川羊乳饼最主要的工序就是羊奶的凝乳。国内外常用乳酸菌搭配凝乳酶的方法凝乳，而剑川的劳动人民发现了一种可以凝乳的野生植物汁液，这种野生植物就是贯筋藤，俗称奶浆藤。农户上山采收奶浆藤并将其晒干，每次做乳饼前将奶浆藤干条敲碎浸泡成汁液，再将其放入到乳清水中自然发酵得到酸浆水。这种酸浆水经云南农业大学食品科学技术学院黄艾祥教授团队证实，其中含有凝乳蛋白酶，具有凝乳作用。

图 5-5　制作乳饼用的酸浆水

图 5-6　制作乳饼用的奶浆藤水

羊乳饼风味独特，吃法多样：新鲜乳饼既可生吃，也可先将乳饼切成小块，用油煎至两面金黄，撒上白糖——糖受热后会渗透于乳饼的孔隙中，形成一道香甜的美味。在剑川，乳饼还有一种独特的吃法，即把乳饼与甜米酒、火腿和食糖混合拌匀，放在碟碗中隔水蒸或者搁在甑子里蒸熟后食用。这样，甜米酒受热挥发的同时也赋予了乳饼和火腿更加鲜美的口感。另外，最美味也最有名的当属“火夹乳饼”，“火”即火腿，即将乳饼切成薄片，在两片乳饼之间夹进一片鹤庆火腿，形似西餐中的“三明治”，放入甑锅蒸熟，这时乳饼的鲜香与火腿的芳香交融在一起，成为舌尖美味。

图 5-7　火夹乳饼

二、制作流程

羊乳饼的制作流程：

羊奶→去杂质→预加热→加入少量水→煮沸→加入凝乳剂→静置→凝乳→过滤→挤压→成形→乳饼

三、操作要点

（1）先用纱布过滤羊奶，除去杂质，将羊奶煮沸后停止加热，往羊奶里加入凝乳剂，就像做豆腐时点卤一样，一定要掌握好量和凝乳时间。这道工序是羊乳饼制作中最为重要的，人们主要靠长时间的经验积累，并不是几次就能做到娴熟。

（2）静置 10 分钟后，羊奶已经凝结成絮状物，类似“豆腐脑”形态，这时把豆花状的羊奶舀到干净的方形手绢上，反复挤压，然后将手绢连同凝乳块折叠成小方体状，放在一块干净的石板上，再在表面压上石头等重物，一开始不能压得过重，不然乳饼不成型，组织较为粗糙，等水分丧失一些后，再逐步增加压制的重量，大概一天左右的时间，一块羊乳饼就做好了。

（3）羊乳饼手工成型的方式过于烦琐，可借助乳饼成型机操作。

四、美食知识

1. 贯筋藤凝乳原理

贯筋藤俗称奶浆藤，是一种野生植物，主要生长于剑川一带的山林里。奶浆藤的新鲜藤叶具有较多的黏液物质，浆液中含有的贯筋藤蛋白酶具有较好的凝乳效果。

2. 奶豆腐与乳饼的关系

用酸浆点羊奶可制成奶豆腐，但奶豆腐极不易保存，水分太高，通过过滤去除水分再压制成型，即为乳饼。

3. 牛奶酸度

牛奶酸度是自然酸度与发酵酸度之和。新鲜的牛奶本身就具有一定的酸度，这种酸度主要由奶中的蛋白质、柠檬酸盐、磷酸盐及二氧化碳等酸性物质所构成，可称为自然酸度。牛奶在被挤出后的存放过程中，由于微生物生长可分解乳糖产生乳酸，从而造成牛奶酸度的升高，这种因发酵而升高的酸度被称为发酵酸度。酸度是一个代表牛奶新鲜程度的理化指标，人们可以通过它判断牛奶的新鲜程度。在 GB19301—2010 生乳国家标准中，酸度的参考区间为 12 ~ 18°T。

4. 乳饼成型机

乳饼成型机是一种新型制作乳饼的机器，由云南农业大学黄艾祥教授发明并申请了专利。

五、美食小结

羊乳饼富含蛋白质和脂肪，营养价值高。但是剑川乳山羊饲养规模小，产奶量不高，限制了羊乳饼发展，建议今后加大山羊的养殖规模。另外，羊乳饼大多属于家庭作坊式加工，效率不高，卫生情况参差不齐，建议采用机械化生产加工，以提高产品质量。羊乳饼的传统工艺值得保护，大理人喜好食用乳制品的饮食文化值得代代流传。

粉蒸鱼

一、文化概说

“东山萝卜西湖鱼”是剑川县的一句民谚，已被民间歌手编入白族调中歌唱。“东山萝卜”指的是产于剑川县庆华村、玉华村一带的蔓菁萝卜，是不可多得的优质蔬菜；“西湖鱼”指的是生长在剑湖里的鱼。剑湖是高原湖泊，湖底有大量草煤，草煤中含有丰富的有机质和矿物质。据说，剑湖中生长的鱼之所以背脊为黑色、味道鲜美，就是因为剑湖特殊的土壤环境。

图 5–8　剑川粉蒸鱼

粉蒸鱼是一道传统名菜，是将蔓菁萝卜丝与粉蒸鱼组合在一起的一道美食。此道菜鱼肉细腻，脂肪丰富，肥嫩味鲜，形色俱美。鲜美的鱼肉裹上米粉之后，加入调料和油脂一起蒸，蒸出来的肉质不仅鲜嫩完整，而且色泽红亮油润、软糯适口。由于风味较佳，便于保存和携带，粉蒸鱼成为当年马帮必备的一道美食。

渐渐地，粉蒸鱼成了剑川酒席“八大碗”中不可或缺的菜肴。碗中垫一些蔓菁萝卜丝，上面摆放八块粉蒸鱼，菜肴色泽鲜艳、味道香辣，寓意着生活美满。老百姓准备年味时，少不了粉蒸鱼的鱼鲊。

二、制作流程

粉蒸鱼的制作流程：

原料选择→清洗→宰杀去杂质→晾干→调配→密封腌制→再次调配→加米粉或粉蒸粉、菜籽油等拌匀→蒸熟→粉蒸鱼

三、操作要点

（1）精选 1.5 千克以上的剑湖活鲫鱼，去鱼鳞，去肚杂，去头，洗净后晾晒一天。

（2）将晾干的鱼切成 3 cm × 3 cm 左右的小块，放少许酒、醋，拌上盐、花椒粉、胡椒粉、辣椒粉，再加入适量菜籽油，将调料拌匀后置于容器密封腌制一天。

（3）准备好鲜姜末、蒜泥、辣椒粉，将油加热至沸腾后倒在调料上搅拌，热烫出姜、蒜的香味，再与腌制好的鱼块拌匀。

（4）将配好调料的鱼块加入蒸肉米粉拌匀，再加入熟油，使裹满米粉的鱼块呈金黄油润状。

（5）将拌好的鱼块立放在蒸笼上蒸半小时，放凉 20 分钟后用筷子夹出即可食用。

（6）冷却后的粉蒸鱼可放于密闭容器中长时间贮藏。剑川地区的人民喜好在金秋时节鱼虾肥美时，一次性做很多粉蒸鱼，可以吃上很长一段时间。

四、美食知识

1. 肉　质

肉质是一个综合性状，包括感官属性、技术因素、营养价值、卫生、毒性、食品安全性等方面，涉及色度、嫩度、风味、蛋白质、粗脂肪、水分、维生素、矿物质等多个评价指标。

2. 影响水产肉质的因素

（1）遗传基因。不同的养殖品种，肉质性状不同。例如，鲢鱼、鳙鱼的钙、磷、粗蛋白质含量高于鲤鱼；鲤鱼粗脂肪含量大于鲢鱼、鳙鱼等。

（2）生存环境。野生鱼生活在广阔的水体中，完全靠捕食天然饵料生存，活动空间广，运动量大，消耗体力多，脂肪堆积少，呈味氨基酸含量高。鱼的养殖模式、养殖环境、应激反应等因素也会导致鱼类肉质有所差异。

（3）饲料营养。饲料营养水平主要影响水产动物肌肉中的呈味氨基酸、脂肪和微量元素水平。

五、美食小结

粉蒸鱼在剑川当地较为流行，几乎家家户户都会制作。目前，粉蒸鱼仍然以家庭作坊方式生产，加工制作标准不统一，包装简单，贮藏时间短，销售范围受限，仍处于“藏在深闺人未识”的状态。今后，可从以下方面改进：第一，改善生产环境，保证卫生质量；第二，调整工艺和配方，满足不同群体的口味需求；第三，加大宣传，增加知名度； 第四，改进包装方式，延长保质期及货架期；第五，进行深入的研究，弄清其营养成分及价值。我们相信，粉蒸

鱼一定能走出剑川，进入大众的生活，绽放民族食品的魅力。

地　参

一、文化概说

地参是云南省大理州剑川县的特产。地参，原生于剑川海拔 2000 米以上的背阴湿润沙土地带，别称虫草参、银条菜、地蚕子、地环，属地笋类。地参是一种中草药，具有提神醒脑、开胃化食、补肝肾两虚、强腰膝筋骨之效，白语名称为“根栽子”。

相传，公元 1709 年，康熙皇帝微服私访借宿农家时，偶食此参，食后赞不绝口，称其为菜中珍品，见其生于土中、形如参，故赐名“地参”。

图 5-9　剑川虫草参

地参原为野生植物，后经驯化栽培，逐渐扩大人工种植面积，市场供应量增加。《中华本草》详细介绍，地参不但能作为蔬菜食用，晒干后还可入药。地参主要食用晚秋以后采挖的洁白脆嫩的环形肉质根，可炒食，可油炸，口感较好，是蔬菜中的珍品。地参蛋白质含量丰富，还有多种微量元素，尤其适合产前产后妇女，是一种较好的保健食品。

图 5-10　剑川虫草参植株

图 5-11　新鲜虫草参

图 5-12　干制虫草参

在剑川民间，一首关于地参的小诗广为流传：

地参颂

状如虫草形如参
补虚活血稀世珍
清火败毒又瘦身
通窍养气赛山珍
珍馐送酒亦解酒
玉齿留香到明晨
食疗滋补能健身
老少皆宜乐人心

二、制作流程

1. 油炸地参

选择圆润饱满的地参，清洗干净，切片，油炸至发泡捞出，待凉后放入蛋糊穿衣复炸，呈金黄色时，捞出装盘即可，现吃口感较佳。

2. 地参粥

将地参洗净切成长片状，放入砂锅，文火慢煮，有助于改善气血双虚、精神疲乏、贫血头晕等症状。

3. 焖地参

将地参斜切成块，放入锅中煸炒，再加适量水，以小火焖熟。《日华诸家本草》载，焖地参的做法主要针对产妇，可活血化瘀、止痛。

4. 地参汁

将地参加水洗净捣烂后，绞取汁液食用。

5. 拔丝地参

参照拔丝地瓜的做法，将地参切成长方条，用淀粉和鸡蛋糊包裹均匀，逐条放入油锅炸至金黄色时捞出，再将糖水熬至黏稠，拌入炸好的地参，撒上芝麻翻炒，待糖丝挂匀即可出锅食用。

6. 地参乌鸡汤

将乌鸡宰杀后去毛和内脏，漂洗干净，放入沸水锅中汆一下水以去除血腥味，紫砂锅加入清水后下乌鸡，煮沸，打去浮沫，然后下姜、料酒、地参等食材，小火慢炖至软透即可。

三、美食小结

地参不仅根茎部可食用，嫩茎叶也可作凉拌菜、炒菜和汤菜的主要食材。地参可制成蔬菜礼盒、果脯、罐头、饮料、含片等各种营养品，其加工潜力极大。地参还未被广大消费者认识，在文化宣传上还需再深入，也可对其营养价值与保健功效多进行科学研究，为地方特色食品的发展提供科学依据。

泥鳅钻豆腐

一、文化概说

在剑川，在各村寨四周的沟渠、水塘、水田、秧田、沼泽地中都可以捕捉到泥鳅。剑川是泥鳅的丰产区。最容易捕捉泥鳅的季节是秋分节令前后，这个时令雨水渐少，水稻即将成熟，稻田中的水需逐渐排放，这时只要把竹编渔具（白语称“给”）放置在稻田、沟渠、池塘等的出水口，泥鳅就会一一落入“给”中。此时捕捉的泥鳅个大肉嫩，又叫“谷花泥鳅”。

图 5-13　稻田里捉谷花泥鳅（曹晶提供）

泥鳅钻豆腐是剑川很有名气的菜肴。相传，泥鳅钻豆腐又叫作“貂蝉豆腐”，这是因为民众以泥鳅比喻奸猾的董卓。泥鳅在热汤中急得无处藏身，钻入豆腐中心温度较低的地方，而锅内的温度不断上升，结果泥鳅还是逃脱不了被烹煮的命运，恰如王允献貂蝉使出的美人计一般。

另一个与泥鳅钻豆腐相关的民间传说起源于河南周口圈神庙街。相传，一个叫邢文明的渔民，以捕捞鱼虾为生，他在捕鱼的时候常常捕到一些泥鳅，往往较大的泥鳅卖掉后，小的无人问津，他只好带回家里自己烹食。有一次，他为调剂口味，换换花样，索性把小泥鳅放在家里的水盆里吐泥，并从街上买回一些豆腐和葱、姜等调味作料。因泥鳅小不易拾掇，邢文明便直接将小泥鳅倒入锅内盖上锅，用姜、蒜同豆腐一起煮。待邢文明揭开锅盖看时，发现小泥鳅都钻进豆腐中去了，只是尾巴留于外面，即将之名为“泥鳅钻豆腐”。

二、制作流程

泥鳅钻豆腐的制作流程：

（1）准备食材。活泥鳅 300 克，白豆腐 900 克，花生油 120 克，干红椒 50 克，葱 8 根，生姜 4 块，米醋、黄酒、酱油各 2 汤匙，桂皮、花椒、食盐、白糖适量。

（2）将活泥鳅放入清水盆内，净养三天三夜，早晚各换一次水。

（3）选用老嫩适中的豆腐切成方块，红椒、生姜洗净切碎，葱洗净切成小段。

（4）将净养后的活泥鳅及切好的豆腐放入锅中，加水，加水量以漫过泥鳅、豆腐为宜，以便泥鳅能自由游动。

（5）加锅盖，点火缓慢加热，使水温逐渐升高。在此过程中，泥鳅会钻入豆腐中寻求凉快。当泥鳅完全不动后，继续煮沸 10 分钟，然后将泥鳅、豆腐和汤汁倒入容器中。

（6）炒锅上火，放入花生油（或菜油），油稍冒烟后投入生姜、干红椒碎末及桂皮、花椒、葱段煸炒。

（7）以上煸炒至溢出香味后，倒入泥鳅、豆腐、汤汁、酱油、黄酒、米醋，旺火加盖烹煮。

（8）煮沸后，再以中火焖煮 10 ~ 15 分钟后，加适量食盐、白糖调味即可。用这种方法煮出来的泥鳅豆腐鲜嫩无比。

三、操作要点

（1）做这道菜之前，必须先将泥鳅放在清水中养上几天，勤换水，让它们吐尽腹中脏物。

（2）最好选用野生泥鳅，其活力更强、口感更好。

（3）选用质地较嫩的豆腐，便于泥鳅钻入。

四、美食知识

泥鳅与豆腐结合，不仅提升了营养价值，而且美味可口，深受广大消费者喜爱。豆腐营养丰富，其含有的蛋白质属于优质蛋白；含有的卵磷脂可预防血管硬化，预防心血管疾病，保护心脏；含有的多种矿物质可补充钙质，防止骨质疏松，促进骨骼发育。泥鳅脂肪成分较低，胆固醇少，是较好的动物食品。

五、美食小结

泥鳅钻豆腐是真是假？当豆腐和汤被加热到相当程度时，泥鳅遇热水就会钻入豆腐，而豆腐热的时候，泥鳅往热汤中钻，泥鳅来来回回耗尽体力，就会出现有些泥鳅头扎在豆腐里，身子在汤中，有些泥鳅则身子留在豆腐里，头浸在汤中等现象。

松　茸

一、文化概说

七、八月份是云南野生菌大量上市的时节，其中比较名贵的当属松茸。

松茸，又叫松口蘑，别名松蕈、合菌、台菌等，通常寄生于赤松、偃松、铁杉、日本铁杉的根部。松茸是世界上最珍贵的天然药用菌类，被誉为“菌中之王”。松茸以云南野生松茸为佳。高品质松茸的颜色微白，质地硬实。

图 5-14　松　茸

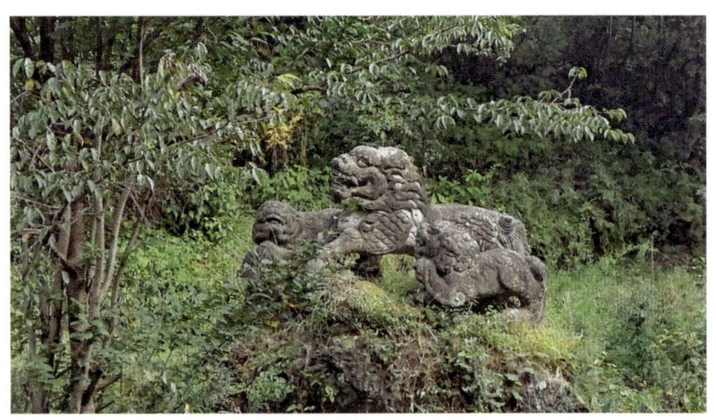

图 5-15　剑川山林风景

松茸是一种生长在海拔 3500 米以上的寒温带高山林地中的野生菌。相传，1945 年 8 月广岛被原子弹袭击后，唯一存活的多细胞微生物只有松茸。至今，松茸仍不可人工培植。

剑川位于滇西北横断山脉中段，山地面积占全县土地面积的 93.8%，森林覆盖率达 68.3%，雨水充沛，山清水秀，自然资源丰富，尤其是以松茸、牛肝菌等为主的野生食用菌资源较为丰富。从 20 世纪 90 年代起，松茸就成为剑川县出口的主要产品，它在群众脱贫致富过程中起着重要作用。2002 年，剑川被列为全省 20 个松茸基地建设县之一，是云南松茸的主产区和集散中心之一。剑川东山松茸一度受到客户的青睐与好评，是当地农户收入的重要来源。

松茸的营养价值很高，有研究表明：松茸富含蛋白质，有 18 种氨基酸、14 种人体必需微量元素、49 种活性营养物质、5 种不饱和脂肪酸，以及核酸衍生物和肽类物质等稀有元素。松茸也是极佳的保健食品，含有 3 种珍贵的活性物质，分别是双链松茸多糖、松茸多肽和松茸醇，具有强精补肾、恢复精力、益胃补气、强心补血、健脑益智、理气化痰、抗辐射、驱虫等作用。

图 5–16 剑川松茸生鲜物流

图 5–17 剑川松茸刺身

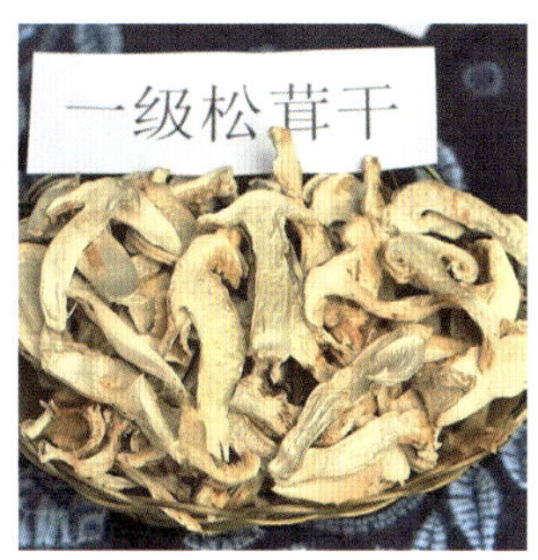

图 5–18 剑川松茸干片

二、制作流程

松茸经加工烹饪后，具有特别的风味和口感，润滑爽口。松茸常见的几种食用方法如下：

1. 鲜 食

生食松茸最能体现原汁原味，也是目前最为流行的一种吃法。选用新鲜出土且尚未开伞的松茸，刮去发黄的外皮，清洗干净，切成薄片，冰镇 1 ~ 2 小时，以寿司酱油和芥末调制蘸水，口感鲜美爽口，被称为“松茸刺身”。

图 5–19 农户刚采摘到的松茸

2. 黄油煎松茸

用小刷子将松茸清洁干净，撕去表皮后切片，用小火将黄油慢慢溶化，放入新鲜松茸片，文火煎至两面金黄，撒上盐、葱花即可食用。

3. 松茸炖鸡

选用老母鸡一只，洗净，放入沸水中焯水，再放入清水中旺火煮沸；将松茸洗干净，切成片，和姜、葱、精盐一起放入锅中；改用小火炖至鸡肉熟软，松茸香味溢出即可。松茸炖鸡具有益精强肾、补益肠胃的功效。

4. 松茸排骨汤

将排骨焯水去血沫，新鲜松茸洗净切片，和枸杞一起放入砂锅中，加水大火煮沸后，转为小火煲制。大约 3 小时之后，汤煲好后加少许盐便可食用。松茸排骨汤具有滋阴润燥、补肾健脑的作用。

5. 松茸蒸蛋

准备好松茸和土鸡蛋，将松茸清洗干净并切片，鸡蛋加水和盐放入蒸锅蒸 5 分钟再放入松茸，蒸 15 分钟即可。

三、美食知识

1. 松茸的功效

（1）提高人体免疫力。松茸中富含的双链松茸多糖对免疫力有明显的增强作用，特别适合身体虚弱、术后产后人群食用。

（2）抗衰老抗辐射。松茸中的松茸粗多糖对细胞所受到的辐射伤害具有一定的修复作用，同时还可以干预黑色素沉积，达到美白肌肤的目的。

（3）保肝脏，养肠胃。

（4）抗癌抗肿瘤，治疗糖尿病。松茸中的某些蛋白能够辅助杀死肿瘤细胞或诱导肿瘤细胞凋亡，还能加速肝葡萄糖代谢，具有降糖的功效，是糖尿病辅助治疗的康复食品。

2. 松茸产品

松茸产品主要有四类：（1）新鲜松茸。包括鲜松茸和冰鲜松茸。鲜松茸指刚采集下来的松茸，冰鲜松茸指经过保鲜加工和冷处理过的鲜松茸。（2）烘干松茸。将松茸切片后烘干并包装，食用前常用温水浸泡复原。（3）冻干松茸，即真空冷冻干燥松茸。新鲜松茸经过真空干燥技术成为干品松茸，能最大限度保持鲜茸的营养和新鲜口感，被大多数人喜爱。（4）深加工松茸产品，将松茸做成盐渍食品、速溶食品、保健酒、罐头、酱油、食醋等。

四、美食小结

目前，国际市场公认的中国优秀松茸主要来自云南产茸区、西藏部分产茸区和四川甘孜州产茸区。这几个地方因自然环境适宜，松茸品质最好，肉质紧密有弹性，香气十足，颜色呈淡黄色或米白色，年产量约占全国总产量的 70%，主要出口到国外。

第六篇　弥渡县

弥渡县为大理白族自治州下辖县，东与祥云县、南华县接壤，南与景东县、南涧县毗邻，西靠巍山县，北连大理市。

民国《云南行政纪实》载：“古时溪河横流，行人迷渡，因名迷渡。后以迷字欠雅，更名弥渡。”早在两千多年前，就有一条古老的商道从四川进云南，由姚安过白崖（今弥渡红岩）抵永昌，通往缅甸和印度，连接着中国西南与东南亚、南亚的经济和文化的交往，这就是有名的南方丝绸之路。弥渡县密祉文盛街是茶马古道南行进入普洱茶产区的首站。弥渡县是连接大理市和普洱茶产区的重要的中转枢纽驿站。

图 6–1　弥渡博物馆

弥渡地热资源丰富，温泉流量大，水温为 65℃左右，富含 10 余种有益于人体的矿物质，温泉水属中性软水。一方水土养一方人，小河淌水，流淌着整个弥渡的文化，也带动着诸多产业的发展。

独特的区位，茶马古道的连接，多元文化的交融，形成了弥渡清晰的文化分层和积淀，造就了闻名全国的花灯之乡和民歌之乡。花灯名曲《弥渡山歌》《绣荷包》《十大姐》，以及被誉为“东方小夜曲”的民歌《小河淌水》都出自弥渡。

图 6–2　弥渡小河淌水

弥渡不仅仅有丰富的民歌文化，还有“多滋多彩”的饮食文化。弥渡人爱生活也懂生活，他们空闲时喜欢做点酸腌菜点缀家常菜肴。弥渡人喜食卷蹄，卷蹄堪称肉食之绝，鲜嫩可口，别具风味，是饭桌上不可缺少的佳肴。弥渡的密祉豆腐宴绝对是视觉和味觉的享受。弥渡还有许多为人熟知的小吃，如酸汤、黄粉皮、腌菜汤、荨麻汤、郎搂妹、干板菜豆米汤等，都是有特色且不容错过的美味。

在大理，人们喜欢这么形容弥渡：“来到弥渡，不想媳妇。”到底是什么让大家来了就不想走呢？

腌　菜

一、文化概说

酸腌菜不仅风味独特，还有历史渊源。据说，明代时期，大批军队到乌蒙府屯戍，为解决蔬菜供给，军队中开始腌制酸腌菜。由于乌蒙一带独特的自然条件，腌菜风味较好并且易于储存。自此，腌菜工艺就在民间流传开来并发扬光大。其中，弥渡腌菜可谓云南腌菜中的代表，其颜色呈土黄色偏红，味酸适口，可开胃佐饭，既是平日的一道菜肴，又是常用的调味佳品，不论是凉拌、爆炒，还是热煮、煨烧、蒸制，皆别有风味，是一种风味独特的蔬菜腌制品。

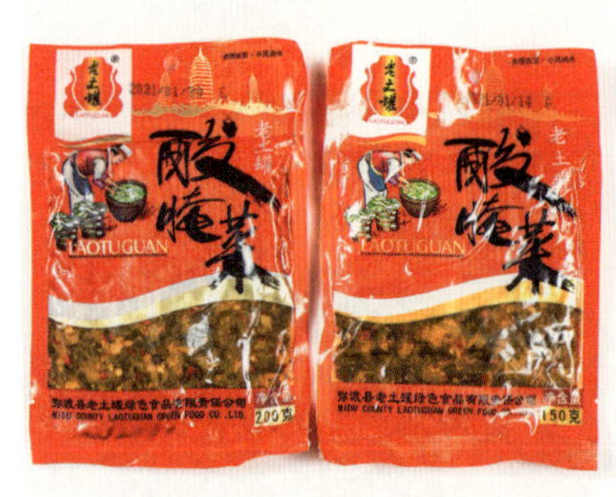

图 6–3　弥渡酸腌菜

图 6–4　弥渡老土罐腌菜产区

酸腌菜以俗称苦菜的青菜为原料。乳酸杆菌发酵产生大量乳酸，苦菜苦味变淡，酸味凸显，便制成了腌菜。弥渡酸腌菜制法简单，每年的冬春季节，人们将苦菜洗净后挂起晾干，待苦菜蔫后，切段，撒盐，拌以辣椒、花椒、生姜、八角、小茴香和些许白酒，然后装入陶罐，封严实腌制一个月后便可食用。

弥渡酸腌菜中最为地道的就是老土罐腌菜，其香味独特，贮藏时间较长，腌制时间越久越酸香。2007 年，弥渡老土罐绿色食品有限责任公司成立。这是一家专业生产和加工酸腌菜、泡黄姜、泡辣椒、泡大蒜等产品的现代化食品加工企业，长期与几家国际跨国集团签订产品供需关系。经过多年艰苦创业，奋力打拼，“老土罐”牌产品赢得了市场。

弥渡酸腌菜以独特的酸辣适口的风味赢得了消费者的喜爱，是一道极佳的开胃菜，具有鲜明的特点：

1. 形　美

腌制成熟后的腌菜呈块状，美观大方。

2. 香　溢

苦菜加工后散发出特有的香气，有咸香、酸香、酱香、甜香、辣香、花椒香等。

3. 色泽鲜艳

酸腌菜酱汁成酱色，给人鲜美诱人的感觉。

4. 味　醇

酸腌菜入口脆爽，酸味醇厚。

5. 咸　鲜

酸腌菜因苦菜中的蛋白质分解产生谷氨酸而产生鲜味。

二、制作流程

酸腌菜的制作流程：

苦菜洗净→捆扎→晾晒→切段→加入胡萝卜丝→加入调味料（食盐、辣椒面、花椒面、茴香面、八角面等）→反复搓揉→加入适量白酒再次搓揉→装罐→表面再次撒上辣椒和食盐→封口→发酵→酸腌菜

三、操作要点

（1）幼嫩蔬菜、不新鲜或腐烂的蔬菜中，硝酸盐的含量较高，因而用于制作泡菜的蔬菜应选用成熟而新鲜的菜株，并且准备腌制的蔬菜不宜久放，更不能堆积，以免造成亚硝酸盐含量上升。

（2）腌制用具、容器、环境卫生要求严格。家庭制作泡菜时，为了防止

图 6–5　弥渡酸腌菜腌制原料——苦菜

用具、容器上的有害微生物污染泡菜，需将腌制用具清洗干净再用开水烫洗杀菌。

（3）腌制腌菜以冬天腌制较佳，腌制时间以 20 ~ 30 天为宜。腌制头一周亚硝酸盐含量较高，尽量避免食用。

（4）在腌制腌菜时，尽可能保持厌氧状态，这样有利于乳酸菌生长与发酵。

（5）腌制一段时间后，开口检查时如若发现食盐偏淡，可适量放盐补救，再倒入适量的白酒。再次封口时需要用保鲜塑料袋子封住罐子口，用绳子扎紧。

四、美食知识

腌菜腌制的原理：发酵过程主要有乳酸发酵、酒精发酵和醋酸发酵。乳酸发酵是腌菜的主要发酵过程。在腌菜制作过程中，需要利用乳酸发酵生成具有芳香的双乙酰以增加腌菜的香味，同时进行微弱的酒精发酵与醋酸发酵。有机酸与乙醇发生酯化反应，生成具有芳香的酯类物质，可使腌菜吃起来鲜香可口。

五、美食小结

煮一碗面条或者饵丝，配上弥渡酸腌菜，吃早点这件事变得更加幸福；用弥渡酸腌菜炒肉或者煮鱼，别是一番滋味；用弥渡酸腌菜和姜片、泡辣椒熬制的酸辣汤，酸辣可口，具有活血发汗、散风驱寒的作用，因而民间常用于预防感冒；弥渡的酸腌菜炒饵饮也小有名气。

弥渡酸腌菜味美爽口，但不可过多食用。一是酸腌菜在腌制过程中加入的食盐量稍高，患有高血压的患者少吃为宜；二是酸腌菜腌制成熟后虽然能有效减少亚硝酸盐的含量，但不能完全去除，切勿一天内食用过多，作为调味菜即可。

卷　蹄

一、文化概说

卷蹄是云南少数民族的传统美食，素以色鲜味美、食法多样、易于贮存而深受大理各族人民的喜爱。卷蹄以弥渡县一带所制最为有名，故又称“弥渡卷蹄”。

图 6-6　弥渡卷蹄

弥渡卷蹄作为大理传统的发酵肉制品已有 500 多年的制作历史，早在明朝时期就被列为宫廷名菜。卷蹄肉质鲜嫩、风味浓郁，味微酸，食而不腻，深受人们的喜爱。

弥渡卷蹄的制作也很讲究，首先需将从猪背上取下来的脊瘦肉切成条形肉块，取适量红曲米、草果、茴香粉、白酒放入碗中，点燃白酒一边烧一边搅拌，制成稀糊状的调料，与食盐一起拌入瘦肉块搓揉，然后将肉块塞入猪脚皮肉“袋”内，再用事先泡洗好的稻草结结实实地捆绑好，放在缸里腌制 2 ~ 5 天后，取出用锅煮或蒸熟。卷蹄冷却以后，解去捆扎物，分段切成筒状装进坛罐里，用拌有炒大米粉、辣椒粉的萝卜丝填满空隙，再用水密封坛口贮存起来。宴请宾客时从坛罐里取出卷蹄，切成薄片上桌，即可和好友一起品尝美味佳肴了。

二、制作流程

卷蹄的制作流程：

猪脚皮加工→猪瘦肉切条→拌料→灌制缝合→捆扎→腌制→蒸煮→冷凉→发酵→真空包装

三、操作要点

（1）将猪腿洗净，用刀子从小蹄角的上面将皮肉划开，将骨剔出，把瘦肉切成条状，越长越好。

（2）配料调好后，与食盐一起拌入瘦肉块并揉搓，将红曲米放入碗内，加入白酒，点燃白酒，边烧边搅。

（3）用牛角刀或匕首取出小蹄与腿之间的骨头，切勿划破皮，将瘦肉放在皮内，涂抹好调料，用线缝好刀口，从小蹄以上用捆绳扎紧。

（4）将捆好的卷蹄放盆内或缸里腌制 2 ~ 5 天，再放入沸水锅内煮至熟透但不宜煮太久，捞出晾凉，解下捆绳，拆去缝线，空隙处用萝卜丝和炒大米粉填塞，放入坛内，密封坛口，15 ~ 20 日后即可食用。

四、美食知识

卷蹄腌制原理：在猪肉中加入盐、红曲米和其他香辛调味料等材料进行腌制，该过程降低了猪肉组织的水分活度，较高的渗透压抑制了微生物的活动和发酵，从而防止肉品腐败变质。

五、美食小结

卷蹄食法多样，蒸、煮、单食或配菜烹制，皆味美可口，佐餐下酒最相宜。弥渡卷蹄耐储存，是大理人民在他乡解乡愁的最佳选择。

图 6–7　弥渡卷蹄切片

图 6–8　弥渡卷蹄产品

红曲米

一、文化概说

红曲米是纯天然无公害食品防腐剂、染色剂。红曲米可用于肉品腌制上色，也可在配制糖醋、酒汁等时作调色用，还应用于粥饮、面食、腐乳、糕点、糖果、蜜饯等食品的制作中。红曲米在我国已有一千多年的历史，弥渡卷蹄红润的色泽就是红曲米的功劳。

图 6–9　弥渡卷蹄所用天然色素原料——红曲米

二、制作流程

红曲米的制作流程：

淘米→泡米→蒸饭→冷却→加入曲种→搅拌混合→发酵→晾晒→红曲米

三、操作要点

（1）大米淘洗干净，放入池子中浸泡 2 ~ 3 小时后蒸制，蒸制过程中需把握火候，过软影响品质，过硬影响发酵。

（2）大米完全冷却后加入由各种中草药配制而成的含有红曲霉菌的曲种，用力搅拌均匀。

（3）加入曲种后先在背篓中发酵一天，然后倒出平铺发酵 7 天，第 8 日便可以取出，放在晾场晾干，红曲米便制作完成。

四、美食知识

红曲霉，又名紫色红曲霉，其菌丝体大量分枝，初期无色，渐变为红色，后变紫红色；菌丝有横隔，多核，含橙红色颗粒。红曲霉最适温度为 32 ~ 35℃，最适 pH 值为 3.5 ~ 5.0，具有良好的耐酸和耐乙醇能力。红曲霉发酵可产生多种代谢产物，主要有红曲色素、胆固醇合成抑制剂、降血压物质、多种酶类、抑菌物质及其他多种生理活性物质。红曲霉的糖化型 β－淀粉酶活性较强，故可用来生产红色麦芽糖。红曲霉的蛋白酶活性较高，也可用于腌制鱼、肉、豆腐等高蛋白食品。

五、美食小结

红曲米不仅有上色的功能，还有助吸收、降低血脂、降胆固醇等功效。由于红曲色素的制备工艺复杂、产量较低、收益甚微，加上现代工业促进更多化学合成食品添加剂的使用，红曲色素在卷蹄上的应用越来越稀少，急需保护其工艺的传承。

密祉豆腐及豆腐宴

一、文化概说

密祉是弥渡县的一个乡镇，素有“三乡两区一古道”的美誉。“三乡”即“中国花灯之乡”“文化之乡”“《小河淌水》的故乡”，“两区”即“太极山省级风景名胜区”“省级革命老区”，“一古道”即“文盛街茶马古驿道”。

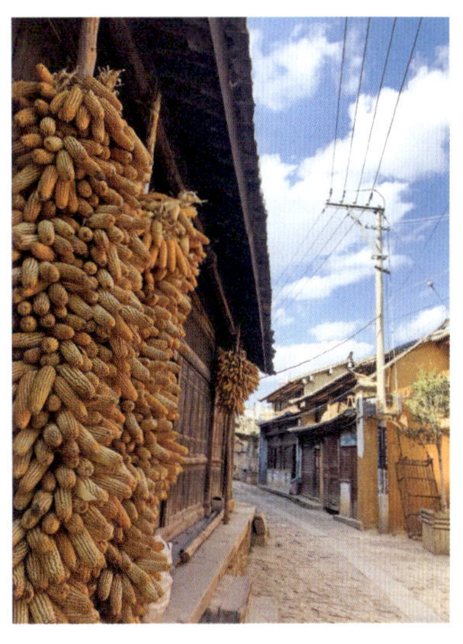
图 6–10　弥渡密祉

密祉在饮食上有一绝，那就是豆腐宴。以前，只有在节日里才得以品尝豆腐宴。近年来，随着大理旅游业的兴起，在密祉随时都能吃到豆腐宴，其中密祉本地的传统豆腐宴最为地道和出名。在弥渡密祉，闲逛回来吃上一顿豆腐宴之后，如果刚好赶上农家乐的老板兼大厨得空，他还会和客人一同坐下来，给客人唱马帮年代的歌曲，叙说几十年里听到的、看到的故事。老板的敬酒歌一首接着一首，压轴的总是那一首《小河淌水》。歌声、马帮的驼铃声、离别前家人的叮嘱声交集在一起，好像又把客人带到了马帮年代。

图 6-11　弥渡密祉小河淌水景区

图 6-12　弥渡密祉豆腐宴

所谓豆腐宴，即上桌的所有菜品原材料均为豆腐，既有腌豆腐、豆花、炒豆腐、煮豆腐、臭豆腐、麻辣豆腐、豆腐圆子，也有各类外形的豆腐，如莲花豆腐、凤凰戏牡丹、箱子豆腐、口袋豆腐等，更有用当地的名山名水做菜名的。精心烹饪的珍珠系列艺术豆腐，满桌子全是豆腐艺术品。

豆腐宴的豆腐均来自密祉，而密祉豆腐之所以味道纯正、质地优良，一方面得益于密祉得天独厚的水资源——珍珠泉水，据有关专家称，珍珠泉水所含的矿物质较为适中，用做豆腐最好；另一方面靠的是严格的豆腐制作工艺。

二、制作流程

豆腐的制作流程：

原料准备→清洗→浸泡→磨浆→煮浆→过滤→点浆→蹲脑→摊布→压榨→豆腐

三、操作要点

（1）原料准备。选用密祉种植的颗粒饱满、无霉变的优质黄豆。

（2）浸泡。浸泡 5 小时 30 分钟，水温 10 ~ 25℃，pH 值 6.5 ~ 7.0。

（3）磨浆。黄豆加适量水磨浆，浓度为 375 千克浆液 /50 千克黄豆。

（4）煮浆。温度 90 ~ 95℃，时间 40 分钟。

（5）过滤。用完好、无破损、干净卫生的细纱布过滤，纱布使用后需及时清洗。

（6）点浆。浆液温度为 70 ~ 75℃，浆液 pH 值 6.5 ~ 7.0，点浆时间 35 分钟 /3 次。

（7）蹲脑。35 分钟。

（8）压榨。压榨时间为 30 分钟。压榨至脱水适中、形状固定坚挺且有弹性的状态。

a　b　c　d　e　f

图 6-13　弥渡密祉豆腐宴菜品（a ~ f）

四、美食小结

豆腐及豆制品的蛋白质含量比大豆高，其不仅含有人体必需的氨基酸，而且比例也接近人体需要，营养价值较高。中医理论认为，豆腐味甘性凉，入脾、胃、大肠，具有益气和中、生津润燥、清热解毒的功效，可治疗赤眼、消渴、烧酒毒等，但豆腐性偏寒，胃寒者和易腹泻、脾虚者以及肾亏者不宜多食。

第七篇　南涧县

南涧县为大理白族自治州下辖县，东与弥渡县接壤，南与景东县毗邻，西南与云县以澜沧江为界，西至黑惠江与凤庆县隔水相望，北与巍山县相连。南涧县初名为“濮赕”，唐朝蒙舍诏时期，因南涧地处所属政区南部，夹涧水之间，故名南涧。

图 7–1　南涧民族风情（适志宏提供）

南涧拥有淳厚的少数民族文化，南涧彝族人性格豪放爽直，淳朴厚道，注重礼节，待人热情大方。来到南涧，可以在无量山、哀牢山的彝族村寨中吃着“坨坨肉”的同时感受跳菜文化，还能在品尝特色美食锅巴油粉的同时喝上一壶醇香的普洱茶，感受南涧美食的魅力。

南涧跳菜不是吃到嘴里的美食，而是边歌边舞，将一道道美食从厨房端到餐桌的上菜艺术。2003 年 3 月，南涧被文化部命为“中国民间南涧跳菜艺术之乡”；2008 年，“南涧彝族跳菜”被列入第二批国家级非物质文化遗产保护名录；2009 年，音乐《南涧跳菜》入选中国民歌博物馆馆藏音乐，获联合国教科文组织“太阳神鸟”银奖。

南涧美食中，最能勾起乡愁、最能萦绕游子心头的应该就是那一碗油粉了。南涧锅巴油粉自古就有“一鲜、二嫩、三爽、四滑”的说法，这也符合南涧人豪放爽直的个性。

南涧得益于悠久的少数民族文化和茶马古道的重要节点，但这里的美食文化远不止于此。这里还有以无量山乌骨鸡为原料制作的赶马鸡，有被认证为中国地理标志产品的南涧绿茶，有彝族先民们创造并传承下来的血肠，等等。如今，这些独特饮食文化和舌尖美味需要我们去保护、去传承。

油　粉

一、文化概说

最能勾起南涧人乡愁的食品便是油粉。对油粉的期待，几乎贯穿着每个南涧人的童年。每到赶集日，最醒目、最亮眼的就数南涧油粉了。儿时，坐在油粉摊旁直咽口水，吃上一碗再随大人前去购买家常日用，这个星期就算值了！南涧人爱吃油粉，这是一种平凡且无法舍弃的情怀。如今，层层叠加的香脆可口的锅巴和软滑爽口的凉粉甚是让人怀念，只有回到家乡才能解这一份乡愁。

图 7–2　南涧油粉（适志宏提供）

南涧油粉属云南豌豆粉中的上品。南涧油粉其实没有“油”，只因煮豌豆粉时豌豆粉的质量上乘，浓度较高，所以称为“油粉”。南涧油粉又叫作“锅巴油粉”。南涧油粉是在云南民间煮制豌豆粉的基础上，将一次成熟变为两次成熟，即把制皮与制粉分开，然后合二为一，一层凉粉一层锅巴，层层堆叠而成。油粉层次分明，口感也在交汇融合——油粉细腻软糯，入口即化，而锅巴耐嚼绵韧，于是形成了双重的独特口感。油粉的吃法有凉吃和热吃两种，凉拌食用，香、酸、辣风味交融，十分可口；热吃，锅巴香酥、清润爽口。

南涧人爱油粉，更爱它的调配料——木瓜醋。油粉凉拌时所用的酸味调料就是木瓜醋。自家种植的木瓜成熟后酸香浓郁，勤劳、爱创造的南涧人民喜欢把木瓜采摘后简单清洗、切分、加糖腌制。木瓜表皮的微生物加上时间的沉淀，一坛木瓜醋很快就发酵好了。

南涧油粉还有非常鲜明的几个特点："鲜"，选料精细，口感和品质上乘；"嫩"，工艺独到，口感细嫩；"爽"，指的是吃法讲究，配料丰富；"滑"，入口后满口鲜爽，滑而不腻。

图 7-3　南涧油粉小摊

图 7-4　南涧农户自制的木瓜醋

二、制作流程

油粉的制作流程：

豌豆→去杂质→ 1/3 磨瓣去皮→磨豆粉→ 2/3 的豆瓣清水泡发→磨浆→过滤→去除豆渣→加豆粉→调成糊状→烧锅抹油→摊糊→刮拉→锅巴

豆浆 + 水→清浆→淋入烧开的水中→搅拌→油粉

一勺油粉→摊平→盖上一片锅巴→层层叠加→南涧锅巴油粉

三、操作要点

（1）筛去杂物，将豌豆磨瓣去皮，将 1/3 的豆瓣磨成粉，2/3 的豆瓣用清水泡发（换水 2 次），掺水磨成浆，用纱布过滤，去豆渣，豆浆入盆，取部分豆浆加干粉调成糊。

（2）锅上火，抹上油，舀入糊摊开，用木片刮拉成锅巴并晾凉。

（3）豆浆加盐水、清水调成清浆。锅上火，加入清水烧开，缓慢淋入清浆，顺一个方向搅动，用小火煮熟，即成油粉。

（4）洗净纱布铺在簸箕上，舀一瓢油粉摊开摊平，盖一片锅巴，依次顺序操作至锅巴铺完，最后盖一层油粉即可。

（5）食用方法：用麻油、辣椒油、醋、酱油、面酱兑汁，切一块锅巴油粉，再切片条，装碗加汁，撒上香菜、韭菜和姜蒜汁拌匀。

四、美食知识

豆粉糊化：豆粉中含有大量淀粉，烹调的作用就在于使淀粉颗粒糊化，易于被人体消化和吸收。淀粉颗粒悬浮于水中，形成白色悬浮液，称为淀粉乳。加热淀粉乳，淀粉粒在适当温度下，破坏结晶区弱的氢键，在水中溶胀、分裂，胶束则全部崩溃，形成均匀的糊状溶液的过程被称为淀粉的糊化。豆粉糊化过程需要掌握合适的火候和时间，这是制作油粉的关键步骤。

五、美食小结

目前，虽然有小型的油粉加工厂，但机械化的生产与传统的细火慢熬工艺相比，口感上有所欠缺。南涧油粉工艺复杂、技术性高，更需对其工艺加以保护和传承。

跳　菜

一、文化概说

南涧跳菜又名“抬菜舞”或“捧盘舞”，是南涧境内无量山、哀牢山一带彝族民间设宴时举行的一种隆重的上菜仪式。从各乡镇到南涧县城，每逢婚宴或宴请外来宾客，几乎都会用“跳菜”的方式上菜。

图 7–5　南涧跳菜（白家伟提供）

南涧跳菜起源于原始母系社会，盛行于唐朝民间。远古时代，彝族先民缺乏对自然现象及其运行规律的科学认知，他们把天地日月变化、星辰运转、风雨雷电、金木水火土等自然现象理解为天意，认为天地间万事万物都是天赐的，必须对其虔诚崇拜，久而久之，便逐渐形成了“跳菜”这一独具地方特色的礼节性舞蹈。

2003 年 3 月，国家文化部正式授予南涧县“中国民间跳菜艺术之乡”称号。2008 年 6 月 7 日，云南省南涧彝族自治县申报的“彝族跳菜”经国务院批准被列入第二批国家级非物质文化遗产名录。

南涧跳菜中常见的有“宴席跳菜”（俗称“实地跳菜”）和“舞台跳菜”，生活中常以宴席跳菜为主。彝家人办客事，桌子迎面摆开，宾客围坐，跳菜开始。两位跳菜师傅头顶托盘，手里也撑着托盘，里面装满了菜碗，他们跟着音乐入场，一边跳舞，一边做着怪相。接着，其他跳菜者托着菜盘陆续登台上菜。托盘较重，所以跳菜者多为男人，一般两人一对，一对接着一对，姿势变化多端，有用头顶、用手托、用肩抬的，有的甚至一人骑在另一人身上，下方两手托盘，上方吹奏唢呐，头还顶着大菜。第一对跳菜结束，第二对、第三对便接上……

a

b

c

图 7-6　大理南涧跳菜精彩画面（a ~ c）

其中最精彩的要数“口功送菜”和“空手叠塔跳”。“口功送菜”是指跳菜者口中紧衔着两柄大铜勺，勺上各置一碗菜，头顶托盘，盘子里装满菜，边跳边上菜。“空手叠塔跳”是指跳菜高手们头顶托盘，盘装八大碗，双手十指分开，每只手分别托起重叠在一起的四大碗菜，他们踏着节拍，跳着舞，在宾客的一片赞叹声中把菜全部送上桌！

跳菜宴让食客大饱眼福之余，也将南涧彝族独特的饮食内涵、生活艺术呈现了出来。跳菜是饮食、杂技、舞蹈的结合体，但又特色鲜明，主要表现为：

（1）跳菜的菜品是传统的“八大碗”，以肉食为主。南涧各乡镇彝族流行吃大块肉（也称坨坨肉），就是将煮熟的猪、牛或羊肉切成大片或方块，配上萝卜、青菜、白菜、大白芸豆、蚕豆等蔬菜一同食用。如今，菜品越来越丰富，但坨坨肉仍是必不可缺的菜肴。

（2）跳菜既可以作为民间舞蹈艺术，也可以作为饮食文化，其与大理少数民族粗犷豪放的生活方式和幽默洒脱的生活态度不谋而合。

（3）跳菜同一般少数民族的原生态舞蹈不同，它不是以舞蹈为主，“跳”的目的是尽快上菜。跳菜只是将这个过程变得艺术化、娱乐化，更多的还是体现了实用性。

二、美食小结

南涧跳菜这种独特的民间艺术，是民族文化继承和发展的成功杰作，是中国饮食文化的瑰宝和民族艺术的奇葩。“跳菜”是中国非物质文化遗产大家庭的一员，这既是一种荣耀，更是一种财富。随着跳菜品牌的逐渐形成，跳菜人的规模也逐渐扩大，跳菜已成为增加农民收入的方式之一。南涧人应该树立长远观念，把南涧跳菜一代代传承下去，不辜负“中国民间跳菜艺术之乡”的美誉。

绿　茶

一、文化概说

南涧境内山高雾多，雨量适中，日照充足，土壤湿润，适宜茶树生长。早在唐朝咸通四年（863年），樊绰撰写的《蛮书·云南志·管内物产》（卷七）中就专门记载：“茶出银生城界诸山，散收，无采造法，蒙舍蛮以椒、姜、桂和烹而饮之。”“银生城”，即现与南涧县山水相连的景东县，“银生城界诸山”即无量山和哀牢山一带，“蒙舍蛮”则是南诏少数民族的泛称。可见，南涧地区在唐朝以前就栽培与饮用茶叶了。

图 7–7　南涧彝族妇女在采茶（李培君提供）

二、制作流程

绿茶的制作流程：

采摘鲜茶叶→摊放→杀青→揉捻→烘干→绿茶

三、操作要点

1. 杀　青

杀青是绿茶初制的第一道工序，是达到绿茶“清汤绿叶”品质的关键。通过高温杀青可以破坏新鲜茶叶中酶的活性，阻止多酚类化合物氧化，防止叶片变红，为保持绿茶绿叶清汤的品质特征奠定基础。杀青工序可蒸发茶叶内的一部分水分，增强叶片韧性，为将茶叶揉捻成条创造条件。

2. 揉　捻

揉捻是炒青绿茶成条的重要工序。揉捻是指使杀青叶在揉桶内受到推、压、扭和摩擦等多种力的相互作用而形成紧结的条索。揉捻还使叶片细胞组织破碎，促使部分多酚类物质氧化，减少炒青绿茶的苦涩味。

3. 烘　干

烘干是茶叶整形做形的重要工序，是固定茶叶品质，以及发展茶香的重要工序，该过程需把握茶叶含水量。

图 7–8　南涧茶山（刘银珍提供）

四、美食小结

近年来，“南涧绿茶”已成功获得国家工商行政管理总局商标局地理标志证明商标注册。南涧绿茶具有色泽墨绿，香气鲜纯持久，呈现清香或特殊板栗香，汤色黄绿明亮，滋味浓醇，叶底黄绿匀嫩的品质和特点。

第八篇　巍山县

巍山县位于云南省西部大理白族自治州南部，地处哀牢山和无量山上段，境内河谷、山地、盆地相间分布，最低海拔 1146 米，最高海拔 3037 米。巍山是云南开发较早的地区之一，是个多民族聚居的地区，少数民族人口占比大，民族风俗丰富多彩。

图 8–1　巍山县

巍山历史悠久。据记载，西汉元封二年（前 109 年）设邪龙县，元代设千户所，明代设蒙化府，清代设直隶厅，于 1956 年成立自治县。县内曾发现过新石器和战国时代的石棺墓，也是唐代南诏政权发祥地，现仍有南诏遗迹多处及南诏王室后裔。

巍山是全国历史文化名城之一，拥有悠久的历史、灿烂的文化和众多的古迹，是文人学士和游客所向往之地。2017 年 6 月 16 日，大理巍山古城入选全国一流、全省一流特色小镇创建名单。巍山境内动植物资源丰富，文物古迹、风景名胜荟萃，民族风情浓郁，旅游资源丰富，有风景名胜“巍宝仙踪”“鸟道雄关”等景观。巍然屹立的拱辰楼和星拱楼，是巍山古城的标志性建筑。古城内的民居基本保留着明清时期的中式结构，有的是“三坊一照壁”，有的是“四合五天井”，古朴典雅。古城内外还有众多明清时期的古建筑，如文庙、文华书院、玉皇阁、东岳宫等。

最值得一提的是，在巍山 3000 余件馆藏文物中，餐饮器具文物就有 100 多件。经过千百年来的漫长积淀，巍山餐饮充分吸纳、融汇了南诏文化、中原文化、茶马古道文化，形成了极富个性的地方饮食风格和饮食文化，素有“魅力巍山，小吃天堂”的美誉。巍山境内名特小吃品种丰富、做工精细、风味独特、工艺传统、价廉物美。巍山的蜜饯、果脯，是远近驰名的土特产。名特小吃“烀肉饵丝”“一根面”，不油不腻，清香可口。

图 8-2　巍山小吃街

巍山还有一个令人流口水的节日——巍山小吃节。节日期间，大理各个县份的人们聚集在巍山。如今，小吃节规模越做越大，模块也越来越清晰，沿街陈列着琳琅满目的美食，人们在品尝美味的同时感受着巍山的人文情怀。

炬肉饵丝

一、文化概说

炬肉饵丝是巍山一道独具特色的小吃，也称作“扒肉饵丝”。炬肉饵丝是用黄谷米做成的饵丝拌上肉汤汁，加入炬肉、葱、香菜等做成，饵丝有劲道，炬肉软糯鲜美，汤汁浓稠。

炖肉饵丝的食用历史悠久。传说，巍山炖肉饵丝的创始人是南诏国第一代王——细奴逻。有一天，细奴逻同彝族同胞一起围猎时碰到大火烧山。森林里的野猪被烧死了，他们就把烧黄了的野猪煮着吃，于是发现猪肉这样吃香甜味美。后来，他们就经常把猎到的野猪用火烧后再煮着吃。渐渐地，这种吃法就流传下来了。再后来，细奴逻又创造了独具特色的巍山饵丝，让人们把烧猪肉与饵丝配合食用，久而久之便发展成为炖肉饵丝。

图 8-3　巍山炖肉饵丝

图 8-4　新鲜饵丝

巍山人上班前或农忙前都要到炖肉饵丝小吃摊坐下来，围坐一桌，聊聊家常，说说巍山的大事小事，互相加点调料、拿点纸巾。将美滋滋的炖肉饵丝吃完后，他们又回归各自的生活，开启新的一天。所以，人们总是在另一个清晨或者午后又一次相遇……

二、制作流程

炖肉饵丝的制作流程：

带皮鲜猪肉→烧焦外表→浸泡刮洗→加入调料→煮炖→炖肉

大米→筛选→浸泡→蒸煮→舂制→压制→成型→切分→饵丝→清水煮制→加入肉汤、调料、炖肉→炖肉饵丝

三、操作要点

1. 炖肉制作

选取猪后腿、肘子、腹部的优质肉，在栗炭火上用猛火将其外表烧焦，然后放进温水里浸泡并刮洗干净，放入锅中，加入草果等调料煮炖一天一夜。这种做出来的炖肉肥而不腻，入口即化，肉汤香喷喷的。这就是炖肉饵丝的“高汤”和“帽子”。

2. 饵丝加工

选用巍山有名的黄皮谷米，经过筛、选、泡、蒸、舂、压、切等工序制成饵丝。这种做出来的饵丝色泽洁白，口感软糯回甜，不粘牙。饵丝有鲜饵丝与干饵丝之分，鲜饵丝口感较好。

3. 粑肉饵丝

将饵丝在开水中烫熟后加上炖好的粑肉与肉汤，放上葱花、酱油、麻油、辣椒面等调料，巍山粑肉饵丝就做好了。

四、美食小结

巍山粑肉饵丝在大理地区虽然比较有名，在很多地方都有开店，但在知名度方面，与蒙自过桥米线相比，还有一定差距。因此，粑肉饵丝今后的发展可借鉴蒙自过桥米线的经营方式，在技术、配方等方面更加凸显地方民族特色，进行规范化、标准化的生产经营，以提升民族食品的影响力，让更多地方的人品尝到这一小吃。

一根面

一、文化概说

巍山一根面，又称“扯扯面”，是传统的巍山民间小吃。“扯”比起“拉”而言，力度更小，不仅要求经验丰富，还要有一双柔软的巧手。扯面煮面，面不能断，一直扯下去，寓意着好运连连。

品尝巍山一根面不仅是味觉上的享受，更是视觉盛宴。“一碗面是一根，一锅面是一根，一家人吃的是一根，一千个人吃的还是一根”，这是大家对巍山一根面最形象的描述。

一根面的吃法在不同场合具有不同的含义：过生日时，一根面加两个蛋寓意长命百岁，一根面加三个蛋表示千秋长寿，一根面加四个蛋表示万寿无疆；婚嫁喜事时，新郎、新娘分别从一根长面的两端向中间吃，吃到嘴对嘴，合二为一，寓意长长久久、百年好合；儿女出远门时，吃上一碗母亲做的一根长面，寓意事事顺心。一根面萦绕在巍山人心里的不仅是它的美味和长久，更是离乡游子的丝丝牵挂，面的这头是家里的牵挂，那头是游子对家的怀念。在外的游子总想着，有朝一日，出人头地，回到家乡，美美地吃上一根面；不然，还是深深藏着这份思念和乡愁。

图 8-5　巍山一根面

图 8-6　制作巍山一根面

一根面的特色在于面条滑爽、柔韧弹牙、越嚼越有嚼头。一根面的精髓在于面条本身，即使不加“帽子”，味道也极其鲜美。一根面的吃法也很讲究，需夹住一根长面从头吃到尾，如果胡乱往嘴里塞，那就是囫囵吞枣、猪八戒吃人参果了！

二、制作流程

制作一根面时，需要慢慢搓揉、慢慢发酵、慢慢等待、慢慢拉扯，在慢的节奏中创造出美食，在慢的工序中感受一根面的真谛，需要细心、团结心、创新、耐心。一根面的做工也极其讲究，主要有以下三大工序：

首先，和面。选用质量上乘的面粉，加入 60℃左右的盐水和面；和面要力度适中，多搓揉，揉至面团软硬恰好、拉扯有丝时为最佳；把一大团面团搓揉成细细的一根，均匀地环绕在一个大盘子里，不停地在面上擦上香油，防止面与面之间粘连。

其次，醒面。在环绕的一根面上盖上潮湿的纱布，醒发 3 个小时，面发酵后口感更有弹性。醒发的同时，准备一根面的面汤、作料和“帽子”（决定一碗饵丝味道的作料，如焖肉、鸡肉、炸酱等）。一根面的“帽子”与其他美食有区别，需选用当地的荷包豆、山笋、菌子、火腿丝和红辣椒炒制而成。

最后，扯面。拉起盘内醒好的面头，用均匀的速度和适中的力量将面扯成丝状的面条放入锅中，煮 3 分钟左右，把面捞入碗中，舀入准备好的面汤，加上“帽子”，一根面就制作完成了。

三、操作要点

1. 和　面

和面时，水和面的比例为 0.5 千克高筋面粉配 5.5 两水，用 60℃的盐水和面，和好的面要干、湿合适，达到“三光”，即面光、盆光、手光。

2. 搓　面

搓面的时候要在两手掌心里抹少量食用油，以搓的时候面条利落不粘手为宜，需把面团搓成手指头般大、粗细均匀、表面光滑的面条。搓面环节要掌控好，否则抻拉时容易断裂。

3. 油　浸

搓好的面条，一圈圈盘在装有油的盘子里。这样做，一是防止面条互相粘连，二是避免面条发干，三是面条吸收油脂后抻拉时不易断。最后，将面条盘成一圈圈的龙蛇状。

4. 醒　面

在已经环绕在大盘子里的一根面上盖上潮湿的纱布醒发 3 小时。

5. 制备“帽子”

准备面汤、作料和“帽子”。“帽子”一般用当地的荷包豆、山笋、菌子、火腿丝和红辣椒炒制而成。

6. 扯　面

扯面需要注意力度，温柔而沉稳。

四、美食小结

虽然一根面在巍山地区有一定名气，但仍属于分散经营，没有统一的配方、制作方法和店面装饰。这些制约着巍山一根面的发展壮大。今后，可通过统一经营，提高大家的认知度；制作原料可拓展到其他杂粮，以增加产品的多样性；可在面粉中创新添加蔬菜汁或鸡蛋，以增强一根面的色泽感，并提高其营养成分。

蜜　饯

一、文化概说

巍山蜜饯是具有民族特色的传统食品，其历史悠久，相传最初是巍宝山道士精制的养生佳品，大理南诏古国时作为宫廷药膳食品，在清朝年间作为贡品入京上奉朝廷。

巍山蜜饯采用植物的根、花、果加工，用蜂蜜浸渍，在阳光照晒下干制。巍山蜜饯选料精细、做工认真，有冬瓜、沙参、槐果、姜花、橘饼、橄榄、天冬、豆丝、香橼、无花果、芹菜、花红等 20 多个品种。蜜饯含有多种维生素及果糖等营养成分，色香味俱佳，具有食疗效果。巍山蜜饯系列产品远销省内外及东南亚各国，深受消费者的欢迎。

在儿时的记忆里，夕阳西下时，孩子们游玩回来洗完手后围坐下来，奶奶就会走过来小心地打开手绢，手绢里包着一大块冬瓜蜜饯，每人分一小块。孩子们舍不得大口大口吃掉，而是细嚼慢咽，认真品尝，其乐融融。小学春游时最喜欢带的零食也是蜜饯，你一点我一点，分来分去，大家在欢笑声中踏青。年轻的气息，春天的清新，像极了蜜饯的味道——香甜、美丽。

图 8–7　巍山常见的蜜饯品类（a ~ h）

二、制作流程

蜜饯的制作流程：

原料选择→原料处理→硬化护色→烫漂→糖煮→浸渍→晾晒→蜜饯

三、操作要点

1. 原料选择

以植物的花、果及根茎作为加工原料，把握好果实的成熟期——成熟度太高，煮制时易软烂，难成型；成熟度太低，糖分不易渗透，导致产品酸味重、甜味不够，风味差。

2. 原料处理

将果实清洗干净后切分、削皮、去核、去心。

3. 硬化护色

用石灰水浸泡果实 8 ～ 12 小时，让钙离子渗入果实的组织中达到硬化的作用，使其在煮制过程中保持完整的状态，也能起到一定的护色作用。

4. 烫　漂

用清水洗净浸泡后的果实上的多余石灰，除去石灰的辣味，然后将果实倒入 65 ～ 75℃的热水中热烫，烫漂至果实组织无“白心”为止。

5. 糖　煮

将烫漂好的果实倒入糖水中分三次煮制，第一次糖水浓度配制在 35% 左右，并依次增加糖的浓度，最后一次糖浓度要达到 65%。产品的糖含量达到 60% 时，可有效抑制微生物的生长和繁殖。

6. 浸　渍

糖煮后冷凉一段时间，让糖分充分向果实组织内渗透，“吃糖”充足，以保证蜜饯产品饱满圆润。

7. 晾　晒

果实组织浸糖充分后干制，常用自然晾晒方法或烘干方法。

四、美食知识

1. 果蔬褐变

果蔬在加工过程中，由于与空气接触等原因导致颜色变成褐色或黑色，即酶促褐变。酶促褐变大多由于酚类物质氧化导致，即氧化酶作用于果实中的单宁、酪氨酸等物质生成有色物质，这会影响加工品的外观和色泽，破坏维生素 C、胡萝卜素等营养物质。为防止果蔬褐变，在果蔬加工过程中需进行护色。

2. 护　色

水果、蔬菜等农产品在深加工过程中，为防止褐变而采取一系列的措施，以保证水果、蔬菜产品正常色泽，称为护色。

护色的方法包括：（1）调节 pH 值；（2）高温短时处理，多酚氧化酶在 71 ～ 73.5℃，过氧化酶在 90 ～ 100℃间热烫 5 分钟失活；（3）用热水、蒸气或微波热烫，防止原料变色；（4）添加酶抑制剂；（5）抽真空排除氧气。

3. 果蔬保脆和硬化

果蔬加工品（罐头、蜜饯、腌制品等）需保持一定形状、硬度和脆口性，因而加工过程中需做保脆和硬化处理。常用溶液为石灰、明矾、氯化钙或亚硫酸氢钙等水溶液。硬化剂的用量要适宜，用量过多容易大量生成果胶酸盐类，引起纤维素钙化，使果蔬制品质地粗糙、品质低劣。

4. 糖　渍

糖渍，即利用高浓度食糖的保藏作用制作产品。果品用高浓度糖液腌渍后可制成含糖产品，常见的有蜜饯、糖浆水果、果冻和果酱等。

五、美食小结

巍山蜜饯大多采用传统生产工艺，加工环境条件不统一，食品添加剂如甜味剂、着色剂等用量不规范。今后，可规范生产车间，采用无菌生产；采购不锈钢材质的生产设备，保证产品质量；增加适当的包装，保证卫生，以提高经济价值。

清真牛干巴

一、文化概说

牛干巴是云、贵、川、渝等地常见的一种牛肉腌制产品，其中在云南最为常见，特别是云南回族居民普遍腌制和食用。

巍山是大理州的一个彝族回族自治县，每年秋冬时节，当地回族居民都会选取肥壮肉牛的后腿等优质肉部位，辅以适量食盐、花椒等调料，采用搓揉、腌制、晾晒、风干等工艺制作牛干巴。

图 8-8　巍山农户家晾晒的牛干巴

图 8-9　巍山牛干巴切片

随着经济的发展，人民生活水平得到提高，牛干巴越来越受到广大群众的青睐。巍山县清真肉食品加工厂于1997年底正式建成投产，主要生产清真牛干巴、牛肉脯食品。工厂将传统工艺与新技术结合，加强了制作、质检等工序，所生产的牛肉产品色泽光鲜、包装精美，深受消费者好评。1998年6月，“回辉”牌牛干巴在第七届中国专利新技术产品展览会上荣获“金奖”。

牛干巴的做法和吃法花样极多。牛干巴最常见的吃法是油炸和爆炒。油炸的牛干巴在餐桌上叫作“油淋干巴”，炸嫩一点柔韧有嚼劲，炸透些则脆香可口。干巴还可以和青辣椒、干椒、野生菌类（如牛肝菌）等搭配爆炒，这绝对是云南一绝。

图8-10　巍山美食——牛干巴

二、制作流程

牛干巴的制作流程：

黄牛→宰杀放血→剥皮→开膛取内脏→剔骨分割→修割整理→冷凉→称重→配腌制料→擦腌制料搓揉→入坛压实密封→腌制（10 ~ 15天，中间翻缸一次）→出坛晾晒→风干发酵→牛干巴

三、操作要点

1. 选　料

最好选择肥壮黄牛的前后腿肌肉制作牛干巴；巍山回族一般在冬季宰杀肉牛，因为其他季节气温高，牛干巴容易腐败变质。

2. 分　割

将鲜牛肉按肌肉纹理和组织条块进行分割，这样有利于保持牛肉原组织结构的形状和口感。

3. 修整筋膜

将新鲜牛肉表面的筋膜修割干净，以便于盐分渗透。

4. 上盐腌制

挤压冷却分割好的牛肉，以排出组织内的血水，并上盐反复搓揉，也可加入花椒粉、辣椒面、味精、白糖等调料。将搓揉好的牛肉放入土陶罐中，置于阴凉处，密封腌制10 ~ 15天。

5. 风　干

取出腌好的牛肉，在其一端用尖刀穿孔，穿细绳入孔、结环，套在铁钩上。晾挂腌制好的牛肉，经九晒九露，历时约一月，即成牛干巴。

四、美食小结

巍山清真牛干巴虽然色香味较好，但仍然存在一些问题，如目前的加工大多处于作坊式生产，规模大小不一、产品质量参差不齐等。今后，可采购先进的生产设备，制定牛干巴的生产标准，规范生产工艺，提高技术含量和卫生质量。

青豆小糕

一、文化概说

选用上好大米，磨成米面，放到甑子里蒸熟，米糕便做好了。米糕作为一种糕点美食比较常见，但巍山古城流传着一种独特的米糕制作方法，当地人亲切地叫它“青豆小糕”（也称青蚕豆糕）。

图 8–11　巍山美食——青豆小糕

清晨，走在古城的街道上，踩着青石板，穿过圆拱门，停在老妈妈的小摊前，买上一小盒热腾腾的松软的青豆小糕，一口下去，温软润泽，甜蜜感直击心怀。青豆小糕还讲究吃“一合糕”，即将两块青豆小糕合拢，中间夹上红糖、芝麻。有了一层薄薄的糖和芝麻，两块小糕合二为一，青豆小糕就有了别样的甜蜜韵味。这好像茫茫人海里的两个人，既然寻到了，就不要轻言放弃，一起努力，生命才更加圆满美丽。

青豆小糕融合了米粉、蚕豆两者的营养成分：嫩蚕豆中含有大量的蛋白质、碳水化合物，还有丰富的膳食纤维、钙、磷、钾、维生素 B、胡萝卜素等营养素，含有的磷脂和胆碱有增强记忆、健脑的作用，加上蚕豆是低热量食物，对高血压、高血脂和心血管疾病也有预防作用；米糕有清热、消渴的功效，可以缓解脾胃气弱、食不消化等症状，还有养益气和补肾气的作用。

二、操作要点

事先准备一口大锣锅，并在盖上挖几个拳头大的洞眼，备好相应数量的木制小圆甑。小圆甑上圆下尖，恰好卡置在锅盖洞眼上。锅内盛满水，置在炉火上。将大米和糯米按比例掺合，经过淘、洗、泡、舂加工成糕面，再将新鲜青蚕豆米煮熟，均匀地揉烂后和在米面中。水煮沸后，在甑内装入已混合好的青豆米面，两个小甑一起蒸。只需两三分钟，凭着蒸汽的热力，就能蒸熟两甑糕。这时，在其中一甑糕面上抹上芝麻、红糖，再把另一甑糕翻扣在上面，继续蒸一分钟左右，从甑内取出糕并置于盘子上，一盒青豆小糕就算完工了。

三、美食小结

青豆小糕所用新鲜蚕豆只有在春季才成熟上市，时节性较强，因此一年中只有短短两三个月能吃到青豆小糕，远远不能满足消费者需求。因而，新鲜蚕豆上市时，可大量收购，剥去内外壳留下蚕豆米，用热水焯熟护色，放于冷库中，贮藏 5 ~ 7 个月，从而确保青豆小糕充分的原材料供应。

第九篇　祥云县

祥云，被称为“云南之源”“彩云之乡”。在新石器时代，祥云的先民就开始为人类文明添砖加瓦。祥云境内发掘并考证的清华古洞新石器时代晚期遗物、西汉青铜棺、编钟、兵器等文物，见证了祥云悠久的历史文明。“祥云”一名也有颇深的历史渊源：据载，公元前 109 年（元封二年）汉武帝在今大理地区设置益州郡，下设叶榆（大理）、云南（祥云）等 28 县，因汉武帝梦见彩云南现，因此为该地取名为云南县。后来，民国七年（1918 年）因省县同名而改为祥云县，此名一直沿用至今。

图 9–1　祥云县（戴国辉提供）

祥云县位于云南省西部，大理白族自治州东部，东与楚雄彝族自治州的大姚、姚安、南华三县交界，南和弥渡县相连，西与大理市接壤，北和宾川县毗邻。祥云县的居民主要以汉族为主，另有白族、彝族、苗族、回族、傈僳族等世居民族。祥云气候四季不分明，干湿季分明，降雨量少，日照时数长，海拔悬殊，气候垂直分布明显，海拔最高为五顶山 3241 米，最低为高峰岭大河边

1433 米。

“西南丝绸之路”在古代商路中闻名遐迩。茶马古道上的驿站很多，最具特色和最热闹繁华的属祥云的驿站。在祥云水目山和天华山交汇处，有一个名为“天马”的古驿站。这个村子普通却不平凡，因水质独特，村民大多以加工豆腐为主业，因此被誉为祥云“豆腐第一村”。相传，明朝时期天马村已经在就生产豆腐。至今，“马房豆腐——不需多督”仍是祥云人的口头禅。“多督（du）”在本地方言里指的是“多煮”，即天马豆腐质地细腻、色洁味美，不用多煮。天马豆腐烹饪方式多种多样，有煎豆腐、炖豆腐、麻辣豆腐、油炸泡豆腐、烧豆腐、小葱炒豆腐、蒸豆腐、凉拌豆腐……还有豆腐皮、豆腐丝、腌豆腐、油煎豆豉等豆制品。最具特色的就是天马的豆花，也叫“水豆腐”。来到天马小街道上，一定要坐下来细细品尝这里的豆花。现舀一碗豆花装进瓷碗，撒上一点红糖，随意一拌，美味就下肚了！

图 9–2　祥云钟鼓楼

祥云人的生活节奏很慢，消费也不高，大街小巷的路边摊总少不了甜酒酿的身影。糯米或者大米蒸熟后拌上“酒药”（即甜酒曲），拌匀后压紧，在米饭中间搭个窝用于盛放酒液琼浆，剩下的交给时间来发酵，2 ~ 3 天刚刚好。盛一碗甜酒酿，加上一点冰水，微微拌入一点凉虾，一下午的时光就“耗”在甜白酒上了。

祥云人热情好客，这里的美食更是丰富。来到祥云，嘴巴就开始馋起来。只要你愿意，在祥云的家家户户或者餐馆中，都能吃到爽口的开胃菜，不知不觉饭量就会大增。在当地，开胃菜食用频率最高的就是“叶包卤腐”和“姊妹七辣”。叶包卤腐工艺古朴细腻，入口绵香易化；姊妹七辣口感独特，可作为招待嘉宾、馈赠亲友的佳品。

大理州各个县份都有种植核桃，祥云有核桃不足为奇。但是，祥云有个品种不一般的核桃，那就是“鹿鸣乡美国山核桃”。美国山核桃较早就被引进我国，但种植地零星且分散。祥云鹿鸣乡平均海拔较低，适宜种植美国山核桃，目前已成为鹿鸣乡特产食品。

祥云大概是大理最有辨识度的地方，经济发达，交通便利，是诸多交通要道的必经之地；祥云土地辽阔，经济作物丰富，人民生活水平较高；祥云人民热情淳朴，民风较好；祥云饮食文化内涵丰富，历史悠久，是一个值得细细品味的地方。

姊妹七辣

一、文化概说

在祥云，老百姓的餐桌上少不了咸菜，少不了辣。煳辣、油辣、辣豆豉、酱辣子、豆瓣酱、辣卤腐、辣牲（辣参），被祥云人称为“姊妹七辣”，是拌饭菜不可或缺的一道菜肴。姊妹七辣不单出现在饮食文化中，还深入祥云人民心中，被编成民谣传唱开来：“七姊妹七枝花，花开祥云山和坝，一花一色映万家……”

图 9–3　祥云姊妹七辣之豆瓣酱

二、制作流程

1. 煳　辣

干辣椒→烘焙→烤煳→揉碎成粉→加入调料→煳辣

2. 油　辣

干辣椒→干辣椒粉→加入小火熬的菜籽油 / 萝卜籽油→拌匀→油辣子

3. 辣豆豉

豆腐渣→接种发酵→豆豉→加入辣椒粉、米粉拌匀→制成小方块→晾干煎食→辣卤豉

4. 酱辣子

细小红辣椒→晾至半干→入缸→酱油泡制→密封数月→酱辣子

5. 辣卤腐

豆腐→自然发酵→霉豆腐→暴晒至半干→加入调味料→拌匀装罐→密封数月→辣卤腐

6. 辣酱豆

大豆→炒熟→水煮→晾干→拌入辣椒粉、甜白酒→装罐→存放→辣酱豆

7. 辣　参

米饭→加入甜酒曲→发酵→甜米酒→加入用调味料拌好的猪骨头或猪内脏→装罐→密封数月→蒸炖→辣参（又名“辣糕”）

三、操作要点

（1）油辣制作最讲究火候。火太虚，油辣色红味呛；火太猛，色煳味焦，两者皆不可取。只有火力适中，油辣才色泽金黄、香味扑鼻。

（2）在酱辣子的制作中，酱油的质量与口感尤为重要，以色泽油黑清亮为佳。

（3）辣豆腐的腌制一般在冬季，这与霉豆腐的发酵有关，在晾晒过程中需注意虫卵、苍蝇卵等的污染。

（4）各类辣豆腐中，以“叶包辣卤腐”最佳。肥厚的青菜叶或者荷叶经油渍后，将辣豆腐包好，入罐。

（5）辣参又寓指辣“牲”，常用猪骨头及其内脏制作，工艺中加烧酒与辣椒等调味品可酝酿一坛油汪汪的辣参。

四、美食小结

盐的摄入一直是高血压人群关注的问题，姊妹七辣饮食文化悠久，但老年人要格外注意这些下饭菜的摄入量，每日一点点，生活美滋滋。

天马豆腐

一、文化概说

“进得帝王堂前宴，入得寻常百姓家”，这可谓是对豆腐最好的诠释。

豆腐是一种食用广泛且影响深远的食品，佳誉备享。在祥云水目山和天华山交汇处，坐落着一个古驿站——天马。天马村有着“豆腐第一村”的美名，因豆腐而名扬，因豆腐而兴旺。从小作坊到豆腐产业，从简单膳食到营养保健，豆腐产业和文化在天马活跃生动起来。

在祥云，天马豆腐已成为祥云人民的日常食品。天马旧称“马房”，是古代交通要塞、商贸繁盛之地，为方便马帮歇脚设有马厩而得名。天马村依山傍水，水质独特并盛产大豆，村民多以加工豆腐为业，作坊主人还会在闲暇之时挑起豆腐担或用自行车载着豆腐沿村叫卖，把美味的豆腐带到家家户户。一句民间口头禅“马房豆腐——不需多督”，充分展现了天马豆腐细腻入味的口感。天马村豆腐产品种类繁多，有水豆腐、卤豆腐、白豆腐、臭豆腐、豆腐皮、豆腐丝、豆豉，等等。天马豆腐吃法更是应有尽有，如煎豆腐、炖豆腐、麻辣豆腐、腌豆腐、油炸泡豆腐、烧豆腐、小葱炒豆腐、蒸豆腐、凉拌豆腐……

二、制作流程

天马豆腐的制作流程：

大豆→清洗→浸泡→去皮→磨浆→过滤→加热→点豆腐→凝乳→过滤→压制→豆腐

三、操作要点

1. 选　料

应选豆脐色浅、粒大皮薄、饱满无皱、有光泽的大豆。去除大豆中的碎石和杂质，用清水冲洗干净。

2. 泡　豆

洗净的大豆在清水中浸泡膨胀后便于磨制豆浆，蛋白质易于抽提。浸泡用水一般为大豆的 3 ~ 5 倍，以淹没过全部大豆稍有余为宜，浸泡时间冬天 12 小时、夏天 6 小时、春秋 8 小时。掰开黄豆瓣，豆瓣四边呈白色，中间有米粒大的凹陷，颜色比干大豆深时浸泡结束。

3. 磨　浆

将泡好的黄豆捞起，加入新鲜清水，用石磨研磨，粗细适当，以磨出来的浆能自由流动为宜。磨出的豆糊重量一般为干豆的 5 倍左右。

4. 过　滤

用纱布做一只小布袋，将磨好的浆倒入布袋内，用绳束住袋口，用手搓揉布袋使豆浆被搓出，随后用水冲洗豆渣两次至豆清不粘且松散，总用水量掌握在大豆的 8 倍内为宜。

5. 煮　浆

煮浆要快，不超过 15 分钟，沸腾时间为 3 ~ 5 分钟。为消除泡沫，可加入少许消泡剂（如食用油）。煮浆后，可在冷水浴中使豆浆降温至 82 ~ 85℃（点浆温度）。

6. 点　浆

将石膏水或盐卤水慢慢加入豆浆中，用勺子自上而下地搅拌豆浆，使之像开锅似的翻滚。边点边看，随时察看浆花的变化，在即将成脑时，要减速减量。当浆里结有很密的芝麻大小的浆花（也叫豆腐核）时，停止搅拌，点浆完成。

图 9-4　祥云天马豆腐

图 9-5　祥云臭豆腐

7. 成　型

在洗净的豆腐格中铺上干净的包布，将豆腐脑倒入其中包严，加框盖。加压要先轻后重，使水分从包布中渗出。

8. 成　品

将成型的豆腐划成方块，撒上凉水立即降温，以达到豆腐保鲜和稳定形态的作用，以冷至室温为宜。

四、美食知识

1. 豆腐形成原理

豆腐是大豆蛋白在凝固剂作用下相互结合形成的具有三维网络结构的凝胶产品。在制备好的豆浆中加入凝固剂，大豆蛋白质即凝固形成凝胶体——豆腐。豆浆的主要成分是蛋白质，由于蛋白质表面带有羧基和氨基，使蛋白质颗粒表面形成带有同样电荷的胶状物，使颗粒之间相互排斥，不能结合下沉，加凝固剂以后，由于凝固剂中有许多电解质，在水中形成许多正负离子，这样就破坏了排斥作用，使蛋白质结合沉淀形成豆腐。

2. 豆腐凝固剂与豆腐质地的关系

常用的凝固剂有酸类（如葡萄糖酸内酯）、钙盐（如石膏）、镁盐（如盐卤）。其特点分别为：（1）以盐卤为凝固剂，多见于北方地区，称为北豆腐，含水量少，含水量在 85% ~ 88%，质地较硬；（2）以石膏粉为凝固剂，多见于南方，称为南豆腐，含水量较北豆腐多，可达 90% 左右，质地松软；（3）以葡萄糖酸 – δ – 内酯为凝固剂，称为内酯豆腐，这是一种新型的凝固剂，较传统制备方法提高了出品率和产品质量，质地较细嫩。

3. 豆腐制作中的副产物

制作豆浆过程中，挤压过滤后的豆渣可用来作豆豉；熬制豆浆时，锅面上结起的皮可用竹棍挑起，晾晒制成豆腐皮；压制的方式与力度不同，还可做成白豆腐与豆腐干等产品；将白豆腐划成块，用稻草捂上几天可发酵成臭豆腐（霉豆腐）。

五、美食小结

豆腐营养极高，含铁、镁、钾、烟酸、铜、钙、锌、磷、叶酸、维生素 B_1、卵磷脂和维生素 B_6 等营养素。豆腐素有“植物肉”之美称。豆腐为补益清热养生食品，常食可补中益气、清热润燥、生津止渴、清洁肠胃，更适于热性体质、口臭口渴、肠胃不清、热病后调养者食用。

第十篇　漾濞县

漾濞彝族自治县（以下简称漾濞县）位于云南省西部，大理白族自治州中部，东邻大理市、巍山县，西连永平县、云龙县，南交昌宁县，北连洱源县，是博南古道、茶马古道上的重镇。漾濞是以彝族为主的民族聚居地区。

图 10-1　漾濞县——中国核桃之乡

漾濞县属横断山滇西高山峡谷区，地形起伏较大，境内最高点为东北部点苍山马龙峰，海拔 4122 米；最低点在南境羊街河入漾濞江的汇流处，海拔 1174 米。漾濞县属亚热带和温带高原季风气候区，气候垂直差异大，主要表现为高山冷凉湿润，低谷温热干旱。

在农林牧渔业、工业、建筑业及其他产业中，漾濞农林类行业增长较快，这和漾濞的特产——漾濞核桃紧密相关。漾濞以盛产核桃著称，清代安徽人檀萃在《滇海虞衡志》中提到："核桃以漾濞江为上，壳薄可掐而破之。"漾濞核桃果大、壳薄、仁厚、味香、出油率高，是云南省重要的出口商品之一。漾濞山区满沟满岭都是核桃树，百年老树粗壮挺拔，产量颇丰。核桃仁含油量高，可榨油，生熟都能吃，有较高的营养价值和较好的保健作用。核桃还可以作为糕点的馅料，使糕点更显高档。

漾濞的大街小巷最常见的小吃当属漾濞卷粉。卷粉被漾濞人聪慧的头脑和勤劳的双手修饰，衍生出知名的“漾濞卷粉”。漾濞卷粉最独特的并不是它的做法，而是它的配料里不可或缺的核桃酱，香浓的核桃酱遇上花生、芝麻、辣椒和酸腌菜，味道美极了！

漾濞是彝族聚居地区，彝族人性情刚烈，讲义气、重情义，他们的饮食也一一反映了这些特点。他们的主食为土豆、玉米、荞麦、大米等，粗放却不失本分，副食型食物有肉食类、豆类、蔬菜类、调料类、饮料等，肉食以牛、羊、猪、鸡为主，待客杀牲以杀牛为贵，羊、猪次之。彝族人烹饪菜肴并没有太多条框约束，大锅煮、大碗吃。彝族人虽然喜欢热情款待宾客，但是从来不会因此而浪费粮食，就算碗中有一颗饭粒，他们也要扒拉着吃完。彝族待客以酒为主，所以彝族谚语说“汉人贵在茶，彝人贵在酒”“有酒便是宴，无酒杀猪宰羊不成席”。彝族的酒主要有坛坛酒（又称咂酒）、桶酒、水酒等。漾濞雪山清可谓是大理酒文化中的佼佼者，为民间传统酿造，口感温润淳厚，回味无穷。

图 10-2　漾濞核桃

有人问，是漾濞独特的地理环境和气候造就了美食，还是美食影响着漾濞人的乡村文明？答案不言而喻。如今的漾濞，各个行业增长迅速，尤其旅游业迅速兴起，其中石门关景区绝对是小长假旅游首选。有人为了吃顿又辣又香的烧烤来漾濞，也有人只是为了吃上一张正宗的卷粉，或者畅饮雪山清白酒，或是避暑。总之，人们因为漾濞的人美、景美、食美而来！

卷　粉

一、文化概说

漾濞卷粉是大理州漾濞县的特色小吃，距今有40多年的历史。漾濞卷粉发源于越南，类似越南肠粉。当年，滇越铁路运行后，一些越南百姓为了谋求生计，开始在滇越线上卖卷粉，后来卷粉又传到了云南、贵州、广西一带。

卷粉的吃法较为简单，口感细腻、滑润、清凉。慢慢地，云南各州市的人民开始效仿与学习卷粉的制作，并流行起来。到了1980年左右，大理州漾濞县的小街上开张了第一家卷粉店，并逐渐知名起来。一开始，漾濞卷粉多是山上的百姓喜欢吃。他们为了骑马赶路方便，就用豆芽、香菇、辣酱等做馅，用卷粉裹上这些简单的馅料，如果喜欢辣椒就再加点辣，这样卷起来方便快捷，就可以边赶马边吃饭了。后来，聪慧的漾濞人民将核桃与花生做成酱，与其他调料一起用卷粉裹制。这样，卷粉醇厚的口感、满嘴流香的滋味受到很多消费者的青睐，于是漾濞卷粉成型，流传至今。

图10-3　漾濞卷粉

漾濞卷粉的制作没有任何遮遮掩掩，只需将一张对折好的圆形卷粉在砧板上摊开，从对折处一划两半，加上作料（一匙花生酱，小半匙油辣子，半把酸腌菜），将每样作料均分在两半张卷粉上，再将两半张卷粉各自对折、抹开，将上面的作料抹匀之后，将两半张卷粉分别卷起来，用刀切成段，装盒，一份美味的漾濞卷粉就制作完成了。

二、制作流程

卷粉的制作流程：

大米→浸泡→磨浆→米浆→倒入圆形模具→蒸熟→晾放→卷粉→一分为二→调入核桃酱、腌菜等→成卷→切分成段→装盒→漾濞卷粉

三、操作要点

（1）磨米浆。选取优质大米浸泡6个小时以上，大米表面糯化之后研磨成浆。

（2）蒸制。蒸笼的每层都垫上蒸帕，倒入薄薄一层米浆，摊匀上笼蒸熟即成卷粉，取出后根据需要切成大块，卷粉制成。

（3）把已蒸熟的圆形卷粉平放于菜板上，用菜刀平分为两半。卷粉抹上核桃（或花生）仁末，放上适量酸腌菜及其他作料，将卷粉卷成短卷切段即可食用。

（4）根据个人口味将生姜末、蒜蓉、芝麻面、花生面、麻油、盐、酱油、葱花、醋逐一撒在卷粉上面卷成筒状而食，也可切成丝状拌着吃或蘸着吃。

四、美食知识

1. 淀　粉

淀粉存在于植物的种子（如玉米、小麦、大米、高粱及豆类等）、根部（如甘薯、木薯）、块茎（如马铃薯）中。淀粉制品是以玉米、高粱、小麦等谷物，以及马铃薯、甘薯、木薯等薯类农作物为原料，经浸泡、磨碎，将蛋白质、脂肪、纤维素等非淀粉物质分离除去而得到。

2. 淀粉加工

在淀粉生产早期，制造淀粉的原料多为薯类及豆类，其加工步骤大致为：原料浸泡，粗、细二级磨碎，过筛分离纤维，粉浆经乳酸发酵，使蛋白质漂浮分离，再经多次漂洗，用吊包过滤出粉浆，得到的淀粉多加工成粉丝、粉皮等食品。以玉米为原料加工淀粉时，所得蛋白质、玉米油等非淀粉物质具有较高的价值，因而玉米淀粉工业发展较快。

3. 淀粉制品

淀粉制品，即以淀粉为原料，经过机械的、化学的或生化工艺的加工而制成的产品。淀粉制品种类繁多，分类方法各异。根据加工工艺大致可以分成淀粉分离产品、淀粉成形制品、变性淀粉和淀粉糖四大类。这些产品大多是食品或食品工业的原料，也有一部分是造纸工业、纺织工业的浆料以及其他工业的原料。

4. 淀粉糊化

加热淀粉乳到一定温度，淀粉颗粒吸水膨胀，即得到黏稠的淀粉糊，这种现象称为糊化，此温度称为糊化温度。玉米淀粉的糊化温度为64 ~ 72℃，马铃薯淀粉为 56 ~ 67℃，甘薯淀粉为 70 ~ 76℃，利用不同的糊化温度可以制成不同的产品。

5. 淀粉组成

淀粉由直链结构组成的直链淀粉和分支结构组成的支链淀粉两大部分构成。不同的淀粉品种，直链淀粉和支链淀粉的含量有差异。支链淀粉含量越高，食品的“软糯”口感越明显。

五、美食小结

漾濞卷粉冰凉香辣，营养丰富，容易消化，是解暑佳品，其风味和口感适应人们多样化的选择，花色品种也日益丰富，深受人民群众喜爱。

雪山清酒

一、文化概说

漾濞雪山清白酒采用优质玉米、苦荞和苍山水，经民间传统酿造工艺酿制而成，口感醇正温厚，深受广大消费者的喜爱。

提到雪山清酒，就不得不提及大理漾濞县雪山清酒厂。该酒厂成立于 1958 年，前身为漾濞县酒厂，是一家依山傍水的国营企业，主要生产酒、糕点、酱油、醋、饮料等。酒厂在 1997 年改为股份制、2002 年再次改为私营企业。在厂长的带领和广大员工的共同努力下，企业进一步发展壮大，扩大了厂房建设，增加了酿酒设备，扩大了储酒库。迄今为止，酒厂占地面积广，员工人数众多，年产量、年产值、年缴税、年利润都呈上升趋势，享有“云南省安全诚信食品企业”“守合同”“重信用先进私营企业”等美誉。

随着人们消费意识的提高，绿色、健康、时尚等要求成为人们选择酒的主要标准。于是“回归自然”“无污染”“原生态”的绿色健康酒，成为人们喝酒的流行趋势和时尚。为了企业的发展，漾濞雪山清酒厂顺应市场的需求，充分利用本地纯生态粮食和优质的雪山清泉，采用先进酿酒设备和传统工艺，打造品牌。

雪山清酒在市场上得到了广大消费者的认可。其中，荞酒关注度与喜爱度最高，它以苦荞为主原料酿制成，不仅保留了苦荞中的多种氨基酸和微量元素，而且其酒清澈透明、味甘美、香气幽雅，因而深受市场欢迎。

二、制作流程

雪山青的制作流程：

原料浸泡→初蒸→焖粮→复蒸→摊凉撒曲→调配→装箱糖化培菌→装坛酒精发酵→蒸馏出酒→陈酿→勾调定型→贮存 7 天以上（合格基酒 + 调味精华酒）→后处理灌装→检验出厂

三、操作要点

（1）原料浸泡 16 ~ 18 小时，水温 90℃左右使谷物吸水直到含水量达 50% ~ 60%。

（2）初蒸用大汽蒸 1 ~ 1.5 小时。

（3）焖粮必须采用小火，谷物大部分开花即可。

（4）复蒸使含水量达到 69%。

（5）摊凉撒曲。在 23 ~ 27℃的温度下摊晾，撒入酒曲，酒曲接种量控制在 0.7% 左右较为适宜。

（6）按照原料要求，辅以一定的酒糟拌料进行调配。

（7）将配好的料装箱后，放在 25 ~ 29℃的培养箱培养 26 ~ 31 小时进行充分糖化。

（8）将糖化好的料放入坛子进行酒精发酵（大概 30 天左右），之后采用蒸馏的方法出酒，掐头去尾后的酒液需要进行半年左右的陈酿，最后才做勾调定型。

四、美食知识

1. 酒　曲

（1）酒曲的作用：酒曲中的微生物在生长中会分泌酶类物质，如淀粉酶、糖化酶，蛋白酶等，这些可以加速将谷物中的淀粉、蛋白质等物质降解为蔗糖、氨基酸等，蔗糖又水解为葡萄糖和果糖，葡萄糖在酵母菌的发酵作用下生成乙醇，即酒精。

（2）酒曲的分类：①麦曲，主要用于黄酒的酿造；②小曲，用于黄酒和南方小曲白酒的酿造；③红曲，用于红曲酒（黄酒）的酿造；④大曲，用于北方蒸馏酒的酿造；⑤麸曲，以麸皮为原料用纯种霉菌接种培养，可代替部分大曲或小曲，是中国白酒工业化生产的主要酒曲。

2. 酶制剂

酶制剂指从生物中提取的具有酶特性的一类物质，其主要作用是催化食品加工过程中的各种化学反应。传统的酒曲酶活性较低，在酒的生产过程中适当加入部分商品酶制剂代替部分传统酒曲，可降低生产成本，但风味没有传统酒曲产生的风味浓郁，芳香成分也比较单调。

3. 淀粉酶制剂

淀粉酶可由枯草芽孢杆菌、地衣形芽孢杆菌深层发酵制得，也可用曲霉、根霉发酵产生。葡萄糖淀粉酶能将淀粉水解成葡萄糖，由黑曲霉深层发酵生产，用于制糖、酒精生产、发酵原料处理等。

五、美食小结

雪山清酒属于云南名酒，是一种小曲清香型酒，其生产规范，管理严格，使用现代 HACCP 管理制度，生产检验设备先进齐全，实行产前、产中和产后全程检验，安全卫生符合国家相关标准，品质有保证。

核桃乳

一、文化概说

漾濞县有漾濞江和苍山流淌下来的雪水，水量充足，地域辽阔，气候适中，土壤肥沃，而核桃树耐涝、抗旱能力弱，喜欢生长在湿润的地方，所以漾濞山箐里、山沟里长满了枝叶繁茂、果实累累的核桃树。

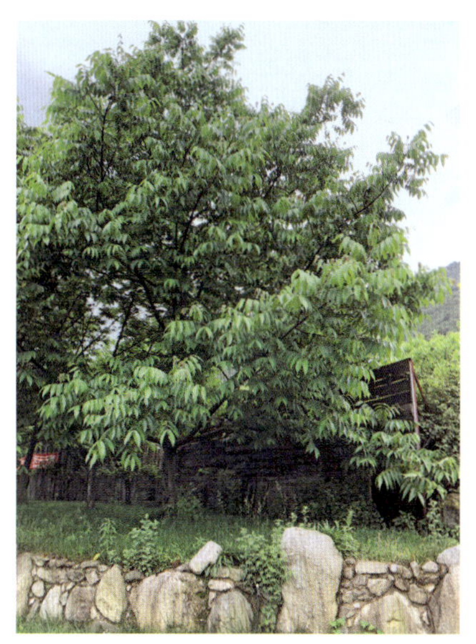

图 10–4　漾濞核桃树

早在清朝以前，漾濞江流域已培育出闻名遐迩的漾濞大泡核桃。《滇海虞衡志》记载：“核桃以漾濞江为上，壳薄可捏而破之。”多年来，在大理这块热土上，核桃已成为千家万户爱不释手的种植品种。

2017 年 11 月 3 日，以“绿色发展　品牌引领”为主题的“2017 第三届中国果业品牌大会·全国果业扶贫大会·中国（长沙）优质果品博览会”在长沙开幕，漾濞县获“中国果业品牌建设突出贡献奖”，漾濞核桃荣登中国果业品牌榜。2008 年，大理州委、州人民政府决定于每年的 9 月 1 日至 30 日在云南省大理白族自治州核桃主产地漾濞县举办“中国·大理漾濞核桃节”。

核桃具有健脑益智、顺气养血、清积解毒、通经脉的功能，是一种较好的健脑食品。核桃乳是一种以核桃仁为主要原料，经深加工而制成的植物蛋白饮料。核桃乳经漾濞漾宝牌核桃乳厂开发成功并投放市场后获得了较好的经济效益和社会效益。这对于促进漾濞核桃产业的健康发展，拉长核桃产业链，起到了重要的支撑作用。大理州还成立了核桃研究所，助力核桃产业的发展。

二、制作流程

核桃乳的制作流程：

挑选优质漾濞核桃→清洗→碱液去皮→磨浆（分离式磨浆机）→配料（水、糖、稳定剂等）→细磨→真空脱气→均质→灌装密封→杀菌冷却→贴标包装→检验及保温试验→核桃乳

三、操作要点

1. 原料挑选

选用肉质饱满、无损伤、无虫蛀、无霉变、无变质的新鲜核桃仁，除去外壳和隔膜备用。

2. 清洗浸泡

核桃仁用清水漂洗除去污物和杂质后进行浸泡，核桃仁充分吸水膨胀有利于蛋白溶解，提高出汁率。

3. 去　皮

核桃仁经过一定浓度和温度的碱液浸泡后，除去有苦味的内皮，并用水反复漂洗。

4. 磨　浆

核桃仁去皮后加入适量的软化水，用分离式磨浆机进行磨浆，分离出的渣加水进行二次磨浆，以提高出汁率，最后将两次磨浆的浆液混合均匀。

5. 配　料

在配料罐中加入糖和稳定剂，与核桃浆液充分搅拌均匀。稳定剂可采用单甘酯、脂肪酸蔗糖酯和黄原胶等组成的复合稳定剂，其效果较好。

6. 脱　气

配好的浆料经过滤后打入真空脱气机中脱气。

7. 均　质

脱气后的料浆要经过高压均质机均质，打碎脂肪球，提高稳定性，均质压力为 30 ～ 40 兆帕。

8. 灌装、封罐

经过脱气均质的乳液，用自动灌装机进行灌装，真空封盖，封口的真空度保持在 0.025 兆帕以上，包装容器要事先经过清洗消毒。

9. 杀菌、冷却

封罐后的核桃仁要迅速杀菌。杀菌温度为 121℃，杀菌 15 分钟以上。杀菌后迅速冷却到常温，入库，并做保温实验，检查各项指标，准备出厂。

四、美食知识

1. 均　质

均质，即料液在挤压、强冲击与失压膨胀的三重作用下使物料细化，从而使物料更均匀地混合的过程。均质可将核桃中的脂肪球打碎成细小的脂肪糜、脂肪液滴，并使其均匀地分散在溶液中，可增加香味。均质主要通过均质机来进行，可配合胶体磨共同使用，它是食品、乳品、饮料等行业的重要加工设备。

2. 乳　化

核桃的油脂和水互不相容，油脂会漂浮在水表层，影响核桃乳的感官和口感。为了形成均一、稳定的乳浊液，人常在核桃乳中少量添加一种表面活性剂，以显著降低其表面张力，改变体系界面状态，产生润湿、乳化，或破乳、分散，或凝集、起泡，或消泡、增溶等一系列的作用，以满足核桃乳稳定的状态。

3. 亲水亲油平衡值（HLB 值）

表面活性剂分子中的亲水和亲油基团，对油或水的综合亲和力称为亲水亲油平衡值（hydrophilic-lipophilc balance，HLB value）。HLB 值是一个相对值，其规定亲油性强的石蜡（完全无亲水性）的 HLB 值为 0，亲水性强的聚乙二醇（完全是亲水基）的 HLB 值为 20，以此标准制定出其他表面活性剂的 HLB 值。HLB 值越小，亲油性越强；反之，亲水性越强。

五、美食小结

现代化工业食品的开发是一个复杂的过程，影响因素较多，有原料、技术、人才、设备、投资、营销、宣传、管理等多方面的因素，而漾濞核桃乳是大理州用现代技术成功开发的云南高原特色资源首款产品，为其他县域特色资源的开发提供了范例，值得学习与借鉴。

第十一篇　云龙县

云龙县在西汉元封二年（前 109 年）称“比苏”县，属益州郡；明清时期称“云龙州”，属大理府；1913 年改州为县，1950 年属大理专区，1956 年属大理白族自治州。

图 11–1　云龙县诺邓村

云龙县东连洱源、漾濞二县，南邻永平县和保山市，西交怒江州泸水县，北接剑川县和怒江州兰坪县。云龙地处横断山南端滇西澜沧江纵谷区，怒山山脉、云岭支脉，以及澜沧江、沘江（澜沧江主要支流）由北向南纵贯全境，怒江绕西部边境而过。

云龙县境内虽自然资源丰富，但交通不便，高山林立、谷箐交错，江河达数十条，溪流数以千计。云龙人民克服重重阻碍，遇山修路、遇水搭桥，使得“盐马古道”得以畅通。在云龙县境内，千百年来人们在众多大江小河之上修建了无数跨江过河的藤桥、木桥、石桥、钢桥、铁链桥等，以及形式多样的吊桥、浮桥、拱桥、伸臂桥等。抗日战争中的功果桥、滇西农民起义的飞龙桥遗址，以及水城藤桥、包罗通京桥、石门青云桥、顺荡彩凤桥等都是具有深厚文化底蕴的历史遗产。

图 11-2　云龙县美景

与桥梁文化伴生的还有驿道文化。在古代，盐业经济的发达造就了云龙这个边远之地与四方八面紧密相连的交通网络——东向大理，南至保山，西往腾冲、片马，北上丽江、中甸，商贸往来货畅其流。至今，纵横交错的云龙县境内的古驿道上，驿站旧址犹存，马帮痕迹依旧，故事和传说数不胜数。

其中，诺邓的盐巴值得娓娓道来。南诏时期樊绰所编《蛮书》中提及的“细诺邓井”的盐，其实就是“比苏”县所产。1383 年，明朝政府在诺邓置“五井盐课提举司”，下辖诺邓井、顺荡井、山井、大井和师井五个盐井，人们习惯上称其为“五井”。当时，保山、腾冲直至缅甸一带的食盐主要由五井地区供应。

云龙县的高原特色农业产业得天独厚。云龙县坚持科技引领、外引内培、做大基地、做强龙头，建成泡核桃基地、生态茶园、麦地湾梨园、金银花基地、花椒基地、中药材基地等。最值得一提的是，云龙的矮脚鸡、麦地湾梨、诺邓火腿、云龙茶、诺邓黑猪获得国家地理标志认证，使得该县成为云南省的地标大县。

大栗树茶

一、文化概说

云龙县的茶文化与民族文化、生活相结合，形成茶礼、茶艺、饮茶习俗及喜庆婚礼，富有生活性、文化性和多样性。云龙县有一种茶叶遍布云南省的大小旅游城市和商店，它就是大栗树茶。

大栗树茶产于云南省大理州云龙县宝丰乡的大栗树大山头，是由云南农业大学茶学院监制、云龙大栗树茶厂生产的一种炒青名茶。大栗树属于大叶种，发芽较平地茶树少而迟，但芽叶粗壮，叶质柔软，嫩度好。大栗树茶的春茶于清明节刚过时采摘，鲜叶用竹篓盛装，采茶标准为一芽二叶、一芽三叶，要求芽叶大小均匀，比例适中，不采鱼叶、雨水叶、病虫芽、冻伤芽、花青紫芽等。优质的鲜叶配上烘炒相结合的工艺，形成了大栗树茶优良的品质。成品大栗树茶叶外形条索紧结壮实、光滑，上霜匀整，汤色淡绿、清澈、明亮，滋味浓醇、回甘，具有持久的茶香与熟板栗香。

图 11-3　云龙大栗树茶叶产品

大栗树茶叶天然纯粹的口感来自于大自然的馈赠：其一，大栗树茶园位于澜沧江上游海拔 2400 米的云雾山中，森林茂盛；其二，这里山高谷深，常年云雾缭绕，形成“晴时早晚遍地雾，阴雨连天满山云”的独特生态环境；其三，大山头虽然海拔偏高，但澜沧江峡谷、河谷暖湿气流的上升，弥补了这里的温度和降雨量的不足；其四，土壤为黄棕壤，土层深厚，土壤湿润，排水良好，结构疏松，有机质丰富。

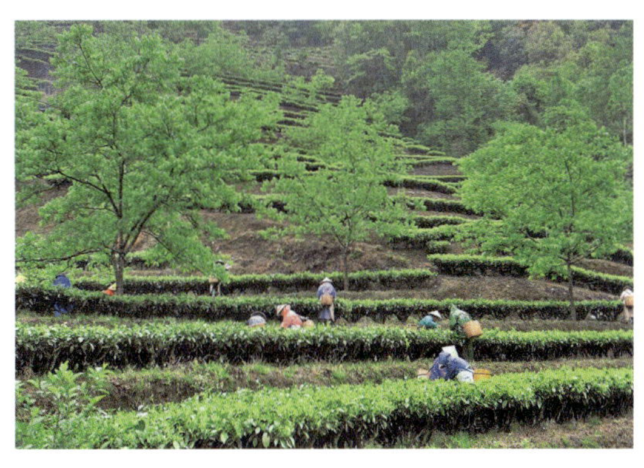

图 11-4　茶园风景（杨玉莹提供）

云龙茶叶品牌创建工作成效

显著，“大栗树”牌、“大山头”牌、“佬倵”牌云龙茶被认定为云南省著名商标。其中，“大栗树”牌、“佬倵”牌云龙茶被认定为云南省名牌农产品。2002 年，“大栗树”牌云龙珍茗茶在中国第二届茶叶交易会名优茶评比中荣获金奖；自 2004 年起连续 11 年通过有机食品认证；2006 年，通过 QS 认证；2008 年，通过 ISO9001 管理体系认证；2013 年，“大栗树”牌云龙印象茶、“佬倵牌”碧螺春茶分别荣获第九届昆明泛亚国际农业博览会金奖和优质奖；2014 年，“大栗树”牌高原明珠茶在斯洛伐克荣获国际银奖；2015 年，“云龙茶”成功入围《全国名特优新农产品目录》；2016 年，云龙茶获得中华人民共和国“农产品地理标志”。

二、制作流程

大栗树茶的制作流程：

茶叶鲜叶→采摘→摊放→杀青→揉捻→造型

三、操作要点

1. 杀　青

杀青对绿茶品质起着决定性作用。通过高温破坏鲜叶中氧化酶的活性，抑制茶叶中功能物质茶多酚等的氧化，同时使叶子变软，为揉捻创造条件。杀青遵循“高温杀青，先高后低”“老叶轻杀，嫩叶老杀”的原则，杀匀杀透，老而不焦，嫩而不生。

图 11-5　茶叶杀青（周东生提供）

图 11-6　茶叶揉捻（周东生提供）

图 11-7　茶叶干燥（杨玉莹提供）

2. 揉　捻

揉捻，即利用外力使叶片卷转成条，体积缩小，以便于携带与冲泡。揉捻有助于茶汁外溢，可提升茶的滋味。揉捻可使叶细胞破坏率达到45% ~ 55%。揉捻至茶汁粘附于叶面，手摸有润滑粘手的感觉即可。揉捻有冷揉与热揉之分，冷揉即杀青叶经过摊凉后揉捻，热揉则是杀青叶不经摊凉而趁热进行的揉捻。通常，嫩叶宜冷揉，老叶宜热揉。

3. 干　燥

干燥主要为了使茶叶水分蒸发，以整理茶叶外形，使茶香充分发挥。一般先经过烘干，使茶叶含水量降低至符合锅炒的要求，然后再进行炒干。

4. 包　装

炒干后的绿茶冷却后就可进行包装。为防止变质，宜采用真空包装。

四、美食知识

农产品地理标志指的是农产品来源于特定地域，产品品质和相关特征主要取决于自然生态环境和历史人文因素，并以地域名称冠名的特有农产品标志。此处所指的农产品是指来源于农业的初级产品，即在农业活动中获得的植物、动物、微生物及其产品。我国2002年12月修改的《农业法》第二十三条规定：“符合规定产地及生产规范要求的农产品可以依照有关法律或者行政法规的规定申请使用农产品地理标志。”

图 11-8　农产品地理标志

云龙地理标志农产品包括云龙矮脚鸡、麦地湾梨、诺邓火腿、云龙茶、诺邓黑猪五个特色农产品。这五个农产品已获得国家地理标志认证。目前，云龙县是全省通过国家农产品地理标志认证最多的县份，已被列为全国农产品地理标志认证试验示范县。

五、美食小结

饮茶是我国的传统饮食文化。茶叶中含有多种抗氧化物质，具有抗氧化、抗衰老、抗辐射等作用。茶中还含有多种维生素与氨基酸，具有清油解腻、消食利尿的作用。喝茶具有保健作用，但也有讲究：讲究四季有别，讲究喝茶有量，临睡前不饮茶，进餐时不大量饮茶，酒后不宜饮茶。一般酒中的乙醇可通过胃肠道进入血液，在肝脏中转化为乙醛，乙醛再转化为乙酸，乙酸再分解成二氧化碳和水排出。但酒后饮茶，茶中的茶碱可迅速对肾起利尿作用，从而促使尚未分解的乙醛过早地进入肾脏，对健康不利。

诺邓火腿

一、文化概说

诺邓村位于大理州云龙县，是一个拥有1600多年历史的白族村寨。“诺邓”一名，始于唐代，沿用至今。因这里曾是盐马古道上的经济重镇，当地又盛产井盐，民间至今流传着诸多跟盐马相关的民歌，例如：“万驮盐巴千石米，百货流通十土奇，行商坐贾交流密，铓铃时鸣驿道里……”

云南有三大“名腿”，即宣威火腿、鹤庆圆腿和云龙诺邓火腿。其中，白族聚居的云龙县诺邓村生产的火腿，在制作工艺方面比较独特，为国内所罕见。这个古老山村传承着用盐泥敷腌火腿的千年工艺，生产出远近闻名的地方名优土特产品——诺邓火腿。

相传，南诏王微服私访时，见诺邓火腿用盐泥敷腌，大感惊奇，令人取之；观之色泽红润，赏心悦目，食之香味浓郁、满口余香。诺邓气候环境得天独厚，火腿选料精细，生产工艺独特。如今，诺邓火腿因美食宣传片《舌尖上的中国》风靡全国，令人赞不绝口。

图 11–9　云龙诺邓火腿

图 11–10　云龙诺邓火腿切面

在诺邓火腿的制作中，盐卤功不可没。云龙有这样一句俗话：“云龙一大怪，诺邓火腿敷着泥巴卖。”这“泥巴”可不一般，它就是诺邓盐泥。诺邓盐产自诺邓村的一口千年古盐井，据《云南通志》记载：“汉代，云南有两盐井，安宁井和云龙井。”所谓云龙井，就是如今的诺邓井。诺邓在历史上有着辉煌的采盐工业史，早在公元前109年，汉武帝就以诺邓为中心置“比苏县”。

“比苏”在白语中即“有盐的地方”。千百年来，这口井源源不绝地喷涌出盐卤水，带动了当地经济的发展。

图 11-11　云龙诺邓井

图 11-12　云龙诺邓盐

诺邓火腿的最佳腌制时节在每年的冬至过后、春节前夕，这段时间内腌制的火腿被称为“正冬腿”。史书上有这样一句话：“猪膘肉著名，气候使然也。”正是如此，诺邓的气候环境成全了火腿。

二、制作流程

诺邓火腿的制作流程：

生猪宰杀→鲜腿→修整→抹盐→腌制→发酵→存放→诺邓火腿

三、操作要点

1. 生腿选择

选取当地肉质细腻、油脂薄的黑毛猪，这种猪腌制的火腿，口感圆润、香味扑鼻。

2. 盐囟选择

选用诺邓古井的盐卤水，用铁锅熬成“锅底盐”。

3. 修　整

将新鲜猪腿晾凉 12 ~ 24 小时，然后用刀打整光滑，用锥子在猪腿的血脉处扎几下，用力挤出里面的血水。

4. 抹　盐

用诺邓产的苞谷酒在猪腿上均匀地涂抹一次，然后在猪腿上均匀地撒上盐，边撒边搓，让猪腿充分吸收盐分，最后再在猪腿上均匀地撒上一层盐，用手轻轻拍压。

5. 堆　码

将猪腿皮朝下平平地放在木缸或大铁锅内，盖上盖子，腌 15 ~ 20 天，拿出后先抹上一层盐，再在外面均匀地涂抹一层灶灰和诺邓盐卤水下沉淀的泥浆混合的稀泥——这种稀泥有保鲜、增香和防虫的作用。

6. 悬　挂

最后用绳子吊挂在阴凉通风处即可。

四、美食知识

1. 火腿等级

根据火腿的重量、外观及气味等指标，可将火腿分为不同的等级。特级火腿每只重 2.5 ~ 4 千克，外形美观、整洁，表皮干整，爪细，腿心饱满，油头小，瘦肉多，肥膘少。一级火腿每只重 2 ~ 4.5 千克，腿形完整、光滑干燥，油头较小，无裂缝、虫蛀、鼠咬等伤痕。二级火腿每只重 2 ~ 5 千克，皮稍厚，肥肉较一级多，肉偏咸，腿较粗，外形美观、整齐。三级火腿每只重 2 ~ 5 千克，腿粗胖，肥肉较多，刀工略粗糙，稍有伤痕。四级火腿每只重 1.5 ~ 5 千克，腿粗胖，皮厚，腿的样式差，肉不包骨，有虫蛀但不严重。

图 11–13　大理美食——诺邓火腿

2. 诺邓井盐

熬制井盐是当地人传承了千年的手艺。这个手艺不需要先进的机械设备，不用化学添加剂，只需砌一个简单的土灶，一点一点地熬制析出盐巴。诺邓井盐含有丰富的钾，有利于身体健康，浸透效果较好，用其腌制的诺邓火腿口味适中，是腌制肉类用盐的绝佳选择。

3. 火腿风味

火腿的风味成分比较复杂，脂类物质降解成脂肪酸等物质产生的脂香味；发酵过程中，蛋白质类物质降解产生肽类、氨基酸类物质产生的香味；火腿在发酵时表面会滋生大量霉菌，霉菌次级代谢产物如酶类等对肉质产生作用，从而使火腿散发出诱人的香味。

五、美食小结

火腿含有丰富的蛋白质和适度的脂肪，多种维生素和矿物质。火腿性温，味甘、咸，具有健脾开胃、生津益血、滋肾填精、益寿延年之功效，一般人群均可食用。

诺邓，一个小小的地方，却有着大大的能量。不妨背上旅行包，约上几个伙伴，从云龙县城骑行到诺邓古村，感受诺邓古村深厚文化的同时，围坐火坑，品尝香喷喷的诺邓火腿，感受城市所没有的宁静和缓慢。

云龙豆腐肠

一、文化概说

豆腐肠，又名“血肠”。血肠，是由古代帝王及族长祭祀所用的祭品演变而来的。

血肠既有熟制品，也有腊制品。云龙豆腐肠即属腊制品。云龙豆腐肠一直以来都是云龙人款待客人、馈赠亲友的特色食品。云龙的豆腐肠独具特色，吃起来五香味浓郁，口感香脆酥软。

图 11-14　云龙血肠

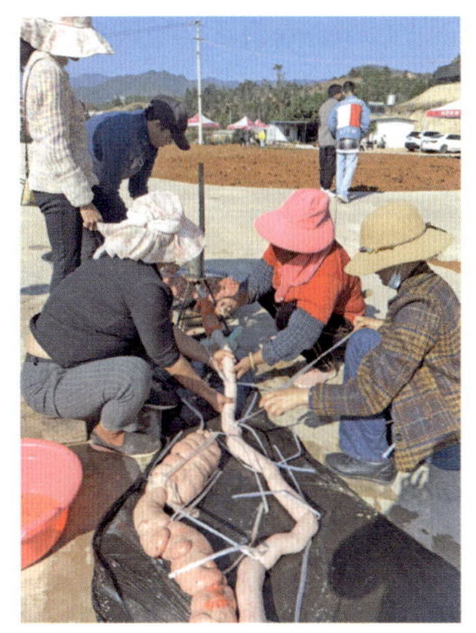

图 11-15　云龙血肠灌肠环节

制作豆腐肠，俗称“灌肠子”。寒冬腊月，气温渐渐降低之时，云龙人便要选定一个好日子，邀请亲戚朋友、左邻右舍宰杀过年猪。这个时候，灌肠子就成了杀年猪的主要工作。

二、制作流程

云龙豆腐肠的制作流程：

猪大肠、白豆腐、猪血、五花肉、盐、烧酒、姜末、茴香面、草果→预处理→切碎搅拌→混合→灌肠→整理→风干→豆腐肠

三、操作要点

1. 洗

将猪大肠的内壁完全翻出，用温水冲洗粘在肠壁上的异物直至干净，再用温水浸泡，加麦面粉或豌豆粉、菜籽油少许反复搓洗，也可用玉米粉、青菜叶、香椽叶和少量食盐反复搓洗。用温水冲洗若干次直至干净无异味后，将肠子翻复为原状，用清水浸泡 2 小时左右。

2. 拌

豆腐压碎成糊状装入大盆中，把猪血和切碎的五花肉倒入豆腐中，加入适量的诺邓盐、料酒、茴香粉、草果粉等作料搅拌均匀。佐料配得好，灌出的肠子才好吃。

3. 灌

灌制豆腐肠，一般 2 人配合为佳，既不能挤得太紧，也不能灌得太松，边灌边用牙签或针头轻戳肠子“放气”。

4. 绑

将灌好后的猪大肠分段绑扎在竹竿上，用清水轻轻地冲洗干净。最后，将灌好的豆腐肠悬挂在通风、干燥、干净的地方。

四、美食知识

肠衣可分为天然肠衣和人造肠衣两种。

1. 天然肠衣

天然肠衣即为家畜的大、小肠刮制后呈坚韧的半透明薄膜，可按畜别分为猪肠衣、羊肠衣和牛肠衣，还可分为小肠衣和大肠衣。

2. 人造肠衣

人造肠衣有透气性肠衣和非透气性肠衣两种。透气性肠衣又可分为可食性肠衣和非可食性肠衣。可食性肠衣是以动物的皮等作为原料，即胶原肠衣，有透气性且可食用。非可食性肠衣主要包括纤维素系列肠衣和玻璃纸，有透气

性但不可食用。有的肠衣用塑料制成，具有透气性、可烟熏，因此，也称可烟熏塑料肠衣。非透气性肠衣品种规格较多，可以印刷，使用方便，外形光洁美观，适合于蒸煮类产品。

五、美食小结

猪血中铁元素含量较高，而且以血红素铁的形式存在，容易被人体吸收利用。处于生长发育阶段的儿童和孕妇或哺乳期妇女多吃些含有动物血的菜肴，可预防缺铁性贫血；猪血还能较好地清除人体内的粉尘和阻止有害金属微粒对人体的损害。猪血与豆腐结合，营养价值更高，保健作用更好。

第十二篇　永平县

永平县历史悠久，早在3700～4000年前的新石器时代，就有先民在这片土地上繁衍生息，留下了新光遗址。《后汉书·西南夷传》记载：东汉明帝“永平十二年，哀牢王柳貌遣子率种人内属，显宗以其地置哀牢、博南二县，割益州郡西部都尉所领六县，合为永昌郡”。这是永平立县之始，称“博南”。南方丝绸之路纵贯永平境内100多千米的最主要路段就是博南古道。1274年，改名为“永平县”，寓意社会“永远安定太平”。

图12-1　永平县

从西汉到明清，经过千百年的碰撞、交融、沉淀，边屯文化、马帮文化、民族文化、红色文化在这里相互交融、发展。博南古道开通后，大量的商旅、美食、物产在这里交汇，沿途还有为过往官员驿使和商贾旅人提供饮食服务的驿站，进而形成了曲硐、花桥、杉阳等历史文化浓厚的特色村镇。如今，古道两旁居民的语言、饮食、建筑和生产生活习惯，都深深地烙上了中原文化的印记。

永平县作为南方丝绸之路——博南古道上的重要驿站和320国道上的重要集镇，为过往官员驿使和商贾旅客提供饮食服务。其中，具有代表性的永平黄焖鸡，具有浓郁的地方风味，一直为广大过往食客所赞誉。现如今，随着烹调技艺的不断改进和发展、丰富和完善，永平黄焖鸡、木瓜鸡、大块鸡、辣子鸡、黄焖羊肉、凉鸡、腊鹅、牛干巴、香牛脚等特色菜肴已发展成为滇西地区最具品牌开发价值的知名菜品系列，声名远播，味传四方，形成了永平独特的舌尖美味，彰显出永平的独特饮食文化魅力。

黄焖鸡

一、文化概说

永平县是“云南省黄焖鸡美食之乡”，拥有“滇中第一佳肴”“滇西一只鸡”“滇西名菜头牌”“鸡中第一味”等盛誉。永平黄焖鸡的起源，可追溯到一千多年以前的博南古道。

图 12-2　永平黄焖鸡

博南古道不仅是一条经济贸易的“南方走廊”，同时也是历代朝廷向云南西部边疆地方政权传递紧急公文的重要驿道，沿路设置有众多驿站。传递公文的人员被称为“驿使”，由于时间紧迫，驻守驿站的地方人员便为这些驿使创造了一道制作方便快捷的地方名菜——黄焖鸡。

民间还有这样一个传说：很久以前，一队马帮来到丝绸古驿永平县杉阳。到了歇脚的店家，听说前面有“九转十八弯”“梯云路”等十分艰险的路段，马锅头决定在店家打一次“牙祭”以壮胆。店家院落里活蹦乱跑的鸡让赶马人馋得直咽口水，但是他们时间紧等不得将鸡细火慢炖。怎么吃呢？店家女主人说：“赶马大哥你莫管我怎么做，保证你们一袋烟的工夫就吃上鸡肉。”马锅头不相信便跟女主人打赌：“假如一袋烟的工夫能够吃上鸡肉，我付双倍饭钱；若是耽搁了行程就吃霸王餐了。”说话之际，只见女主人宰鸡、褪毛、砍剁、翻炒，动作娴熟有序。就在马锅头一袋烟最后一口吞进、吐出的时候，香喷喷的一盆鸡肉端上了桌。马锅头品尝鸡肉之后赞不绝口。永平黄焖鸡因其色鲜味美、香气扑鼻、烹制快捷而受到赞赏，最终成为博南古道驿站的首选名菜。

黄焖鸡承接了滇菜与川菜的特点，形成了辣、咸、麻、香四味融合于一体的餐饮口味，具有浓郁的民族特色和地域色彩。

二、制作流程

黄焖鸡的制作流程：

山区土仔鸡→宰杀洗净→剁成方块状→腌制半小时→烹炒→黄焖鸡

三、操作要点

1. 原料选择

选取老嫩适中的土鸡。公鸡选刚刚开始叫的，母鸡选刚刚开始下蛋的，这样能够确保炒制速度，保证肉质细嫩。将鸡宰杀好洗净，剁成方块，加入葱、姜、料酒、生抽、盐少许拌匀后腌制半小时。

2. 烹　炒

选用优质纯菜籽油、花椒、草果、大蒜、干辣椒、生姜、八角、葱花等十几种配料，辅以食盐、味精、酱油等调味料。将油烧热，把花椒、姜、干辣椒放入锅中油炸，再投入腌制好的鸡块，加入适量的酱油、葱、蒜等，翻炒几下，盖上锅盖炒焖，等鸡肉水分少且发黄时，再翻炒两次即可装入盘中食用。炒焖鸡块一定要掌握火候，火候不到，不熟透，不入味；火候过了，口感显得柴。

四、美食知识

鸡肉肉质细嫩，属于高蛋白、低脂肪的食品。鸡肉中含有丰富的氨基酸和多种维生素，易被人体吸收利用。中医认为，鸡肉有温中益气、补虚填精、健脾胃、活血脉、强筋骨的功效，对营养不良、畏寒怕冷、乏力疲劳、月经不调、贫血、虚弱等人群有很好的食疗作用。

图 12-3　永平金光寺

五、美食小结

可以这样形容黄焖鸡：炒制中勾人食欲，上桌后琳琅满目，品尝时爽口爽心。黄焖鸡复杂细致的炒制工序，就像人们每天的生活和工作状态——各自有着不同的人生体验。黄焖鸡的色、香、味在吸引消费者的同时，也带着他们回味一遍生活的滋味。

腊　鹅

一、文化概说

腊鹅是永平县传统的名优特产，主产于曲硐镇的回族村寨，以味道鲜美、清香醇和而著称，是永平回族群众的经验创造，独具地方民族特色，也是当地回族群众用来招待亲朋好友和宾客的一道名菜。

永平县曲硐地区的养鹅及加工腊鹅的经验最为丰富，最具代表性又独具特色。居住在曲硐地区的回族群众，几乎家家都有养鹅的传统，少则三五只，多则上百只。秋末冬初，人们把成年鹅由放养改为笼养，使其不得随意展翅活动，以减少体能消耗，并将米糠掺合着玉米或小麦磨成的面粉搓揉成一个个小圆丸，放在甄子里蒸熟后进行填喂，俗称“塞鹅”，用以催膘。20 多天后，将鹅育壮至八九千克便可宰杀。宰后，褪去鹅毛，除去内脏，晾干水汽，由内往外抹上食盐，压制成圆饼状，然后放到瓦盆中腌制三四天，取出风干即可食用。

图 12–4　晾晒腊鹅

永平腊鹅的烹煮颇有讲究，得先用砂锅或铝锅将水烧沸，放入八角、桂皮、草果、花椒等作料，然后将切成大块的鹅肉放入锅里，用文火慢慢地炖，当中不时添加少量冷水，待炖煮约一个小时后取出，冷却一个小时左右，炽软的肉变得板实后，用刀按一定的规格切成厚薄一致、大小均匀的条状小块，佐以调料蘸碟

图 12–5　永平腊鹅

即可食用。

永平腊鹅最大的特点是一个“腊”字，其皮呈金黄色，白肉如玉，肥而不腻，红肉润泽，肉质细嫩，味道鲜美、纯正，堪称菜肴一绝。

二、制作流程

腊鹅的制作流程：

鹅→宰生→放血→剖腹→去除内脏→缝合切口→开水脱毛→剖开缝合的切口→完整清洗→压成板状→涂抹食盐→腌制→霜冻→暴晒→腊鹅

三、操作要点

（1）人工圈养填塞。秋冬季节，对超过半岁以上的鹅填塞。

（2）宰生。

（3）宰生的鹅必须让血流尽。

（4）宰生后的鹅要先剖腹取出所有内脏，再将剖口缝合，然后用开水热烫脱毛，以防鹅肠道内的粪便气味浸入肌体影响口感和造成污染。

（5）鹅被脱毛干净后，再次将缝合的剖口剖开清洗，然后压平成板状，随后用按摩的方式往脏腔内的每一个角落抹食盐。

（6）抹食盐后的鹅腌制 2 ~ 3 天，让食盐有效地浸入鹅的肉体，取出放室外接受霜冻和暴晒，直至晒干为止。

四、美食知识

1. 腌腊肉制品

腌腊肉制品，即原料肉经过预处理、腌制、酱制、晾晒（或烘烤）等工艺加工而成的生肉类制品，食用前需熟化加工。腌腊制品肉质紧密坚实，色泽红白分明，滋味咸鲜可口，风味独特，具有便于携运、耐贮藏等特点。

2. 腌腊肉制品的种类及特点

（1）咸肉类，原料肉经腌制加工而成，成品肥肉呈白色，瘦肉呈玫瑰红色或红色，具有独特的稍咸的腌制风味。常见咸肉有咸猪肉、咸水鸭、咸牛肉等。（2）腊肉，即原料肉经食盐、亚硝酸盐、糖和调味料等腌制后，或晾晒，或烘烤，或烟熏加工而成的制品，食用前需熟化。腊肉成品呈黄色或红棕色，具有腊香味。腊肉主要代表有中式火腿、四川腊肉、广式腊肉、腊羊肉、腊牛肉、腊鹅、腊鸡、板鸭、腊鱼等。（3）酱肉，即原料肉经食盐、酱料腌制、酱渍后，再风干、晒干、烘干或熏干等加工制成，食用前需煮熟或蒸熟。酱肉类肉色棕红。（4）风干肉，即原料肉经腌制、晾挂、干燥等加工方式制成，食用前需经熟化加工。风干肉类耐咀嚼，回味绵长。常见风干肉有猪肉干、牛肉干等。

五、美食小结

一盘切好的腊鹅摆在眼前，扑鼻而来的香味让人食欲大增。一片腊鹅入口后，吃着第一片，想着第二片、第三片……

泡大蒜

一、文化概说

永平县素有“白皮大蒜之乡”的美誉。永平县种植大蒜历史悠久，所产白皮大蒜皮薄个大、肉质饱满、味道鲜美、辛辣适中，闻名遐迩。

图 12-6　永平泡大蒜产品

大蒜自古以来就是民间的保健与调味佳品，它不仅含有丰富营养，而且还含有多种保健因子，被人们誉为“土生土长的抗生素”。中医学认为，大蒜味辛辣、性温，有健胃、止痢、杀菌、止咳等功效，可用于消化不良、腹泻、痢疾、吐血、高血压等症。现代研究证实，大蒜素对葡萄球菌、痢疾杆菌、霍乱弧菌、大肠杆菌、伤寒杆菌、霉菌等致病菌都有较强的抑菌和杀菌作用。

虽然大蒜好处很多，但生吃大蒜还是让人望而却步，而将其作为烹调使用，用料不多，要想达到强身保健的功效，只能是自我心理安慰。对此，永平人民功不可没，他们将大蒜制成“微咸带甜”的泡大蒜，使得大蒜的辛辣味减轻不少。永平泡大蒜精选的是白皮大蒜，辅以食盐、辣椒、红糖、花椒等多种配料，利用传统的土陶大罐腌渍加泡制工艺精制，具有温中消食、行滞气、暖脾胃、消积、解毒、杀虫等功效。永平水质好，适合用来泡大蒜。永平泡大蒜配料合理，腌制发酵期适中，可谓同类产品中的佼佼者。

除了琳琅满目的商品外，大理三月街美食的最佳搭档当属“永平黄焖鸡＋

永平泡大蒜”。黄焖鸡还在炒制过程中，服务员便端上一碟泡大蒜和泡辣椒，让客人先吃点开胃菜。黄焖鸡一上桌，客人便可以带着泡大蒜的滋味去融合黄焖鸡了。

二、制作流程

泡大蒜的制作流程：

白皮大蒜→整理（去除厚皮层）→腌渍→泡制→泡大蒜

三、操作要点

1. 选料及整理

选用永平当地种植的，皮薄、饱满、肉质丰厚、蒜头大小一致的白皮大蒜，去根须和厚皮层。

2. 腌　渍

大蒜洗净后放入盆内，加入精盐、白酒拌匀，腌渍 5 天，捞出沥干水分。

3. 泡　制

重新配制盐水放入泡菜坛中，加入白酒、红糖搅匀，其后加花椒，坛底放适量的干红辣椒，放入腌渍好的大蒜，盖上坛盖，加入坛沿水，泡制 20 天即可食用。泡制时注意密封和温度，应将坛置于阴凉干燥处，忌油。

图 12–7　永平泡大蒜

图 12–8　永平泡辣椒

四、美食知识

1. 黑　蒜

黑蒜又名黑大蒜、发酵黑蒜、黑蒜头，用新鲜带皮的生蒜放在高温高湿的发酵箱里自然发酵 60 ~ 90 天而得。黑蒜水分、脂肪含量比普通大蒜低，微量元素、蛋白质、糖分、维生素等明显提高。

2. 泡　菜

泡菜是使用低浓度盐水或少量食盐来腌渍各种鲜嫩的蔬菜，再经乳酸菌发酵制成的一种带酸味的腌制品。

泡菜的作用包括：（1）去除菜肴中的腥味，川菜最为常见；（2）泡菜中丰富的活性乳酸菌可抑制肠道中腐败菌的生长，具有帮助消化、防止便秘的作用；（3）泡菜中的葱、姜、蒜、辣椒等可起杀菌作用，还可促进人体消化酶的分泌。

3. 中国泡菜与韩国泡菜的区别

（1）中国泡菜。中国泡菜的原料丰富，几乎各种应季的蔬菜都可用来制作泡菜，如大蒜、辣椒、白菜、甘蓝、萝卜、芹菜、黄瓜、莴笋等。中国泡菜最大限度地保留了蔬菜的味道，不使用过多调味料，只用盐和花椒调味即可。中国泡菜的主要发酵方式为乳酸发酵和醋酸发酵，发酵后的泡菜微酸可口。

（2）韩国泡菜。韩国泡菜以蔬菜为主要原料，以水果、海鲜及肉为配料发酵而成。韩国泡菜原料丰富，蔬菜、虾酱、鱼露、海鲜、水果、肉等均可腌渍制作成各种口感的泡菜，风味独特。

图 12–9　中国泡菜

图 12–10　韩国泡菜

4. 泡菜与亚硝酸盐的关系

除人为添加方式外，亚硝酸盐主要由硝酸盐类转化而得。硝酸盐广泛存在于土壤和水体中，蔬菜在生长过程中会从水里或者土壤里吸收水分和养分，也会将硝酸盐吸收进体内，而泡菜在腌制过程中由于一些细菌的作用会将硝酸盐还原成亚硝酸盐。

（1）亚硝酸盐中毒。亚硝酸盐中毒是指由于食用硝酸盐或亚硝酸盐含量较高的腌制肉制品、泡菜及变质的蔬菜引起的，或误将工业用亚硝酸钠作为食盐食用引起的中毒。亚硝酸盐能使血液中正常携氧的亚铁血红蛋白氧化成高铁血红蛋白，使人失去携氧能力而引起组织缺氧。亚硝酸盐类食物中毒又称肠原性青紫病、紫绀症、乌嘴病。亚硝酸盐同时还是一种致癌物质，在胃酸等环境下亚硝酸盐会与食物中的仲胺、叔胺和酰胺等反应生成强致癌物 N- 亚硝胺。

（2）泡菜、腌菜中的亚硝酸盐含量与时间的关系。研究表明，亚硝酸盐的生成呈现以下规律，泡菜泡制或腌制的头 7 天内，亚硝酸盐含量随着时间延长而逐渐升高，7 ~ 14 天内亚硝酸盐含量有所升高，但速率较为缓慢，14 天以后亚硝酸盐会产生一定降解，含量有所下降。泡菜具体原理为：发酵初期，乳酸菌生长繁殖迅速，但同时有害菌的生长也较为旺盛，使得亚硝酸盐的生成较快。虽然亚硝酸盐会被酶或酸部分降解，但降解的速率小于生成的速率，因此亚硝酸盐的含量逐渐积累。随着乳酸发酵的旺盛进行，发酵体系的酸度升高，有害菌的生长逐渐受到抑制，硝酸还原能力减弱，亚硝酸盐的产生量逐渐降低，同时已生成的亚硝酸盐被酶或酸分解，使得亚硝酸盐含量逐渐下降。在食物发酵过程中，亚硝酸盐含量的变化若用线图表示，很像抛物线，其最高点我们简称为“亚硝峰”。“亚硝峰”的时间通常在 7 天以前，所以最好不要吃腌制或泡制时间为 7 天内的泡菜或腌菜。

（3）如何减少亚硝酸盐和亚硝基化合物的摄入：

①多吃新鲜的蔬菜和肉类；②低温保存食物，以减少蛋白质分解和亚硝酸盐生成；③腌菜、泡菜、咸菜等最好腌制 7 ~ 14 天以上再食用；④亚硝酸盐与食盐在外观上与口感上无任何差别，所以应注意亚硝酸盐的存放地点与方式，避免误食引起中毒。

（4）亚硝酸盐的作用。亚硝酸盐虽然有一定的风险，但有时候在食品工业上必不可少，原因有：

①防腐作用。与食盐一样，亚硝酸盐具有较高的渗透压，可让微生物细胞脱水而死亡，从而起到防腐的作用，可延长肉制品的货架期。

②发色作用。亚硝酸盐作为食品发色剂可与肉品中的肌红蛋白反应生成玫瑰色亚硝基肌红蛋白，增进肉的色泽，使腌腊肉制品呈现鲜艳的红色，可提高食欲。

五、美食小结

虽说大蒜的好处较多，但是在日常生活当中，有肝炎的朋友最好不要吃大蒜，可能会加重病情；患有重病或者是正在服药的朋友，最好也不要吃大蒜，可能会使药效降低或者失效；阴虚火旺者宜少食或不食；胃溃疡及十二指肠溃疡或慢性胃炎患者，最好不食。吃大蒜后口腔内留有气味，嚼一点茶叶或用浓茶漱口或吃几个大枣可以去除。

黄焖羊肉

一、文化概说

传说，黄焖羊肉是清朝末代皇帝——爱新觉罗·溥仪最为喜爱的御膳菜肴。百年以后，这道深宫大菜终以“平民”身份莅临永平并在这里安家落户，获得了广大食客的青睐。

图 12-11　永平黑山羊

永平各乡镇均为山区半山区，这里山清水秀，牧草肥美，自古就有饲养山羊的传统，加之当地又多杂居有回族、彝族、苗族等少数民族，吃羊肉十分普遍，甚至一些地方人的肉食就以羊肉为主，这为“黄焖羊肉”的诞生创造了得天独厚的条件。

二、制作流程

黄焖羊肉的制作流程：

大羯羊→宰杀→烹炒→黄焖羊肉

三、操作要点

主料首选大羯羊，留皮去毛，将刮得干干净净的羊皮连带皮下一公分厚的瘦肉砍成小块，用于黄焖；其余的羊杂、羊排，适于熬煮清汤。

主料：羊腿肉或五花肉 500 克。

配料：白菜 250 克，青蒜 3 根。

调料：豆油 25 克，酱油 25 克，糖 5 克，料酒、味精、淀粉、辣椒、花椒、姜、蒜、八角等适量。

图 12-12　永平黄焖羊肉　　图 12-13　永平粉蒸羊肉

（1）羊肉洗净，放入锅中加水煮至八成熟后取出，切成块。白菜切成小方块，大蒜切成小段。

（2）炒锅烧热，倒入油，先放八角炒香后放入羊肉、白菜，然后加酱油、料酒、糖、味精和白汤 250 克，焖酥后，先取出白菜作底，后将羊肉取出盖在白菜上，卤汁留在锅中，加水淀粉勾芡，加大蒜、熟油少许，出锅浇在肉上即可。

四、美食知识

羊肉肉质细嫩，易消化，其蛋白高、脂肪低、胆固醇低，是冬季防寒温补的美味。羊肉甘温而火热，富含蛋白质、脂肪、维生素以及钙、铁、磷等多种营养物质；羊肝是养肝明目的良药；羊髓能利血脉、益精气、泽皮毛；羊血可以止血、祛瘀；羊心能补新助眼；羊胃能补肺气；羊肾能补肾气、治耳聋等。

五、美食小结

黄焖羊肉肉质香酥，卤汁浓厚入味，色泽金黄，香气扑鼻，鲜美异常，令人回味无穷。

永平卷粉

一、文化概说

卷粉作为大米制品，以“白如雪，薄如纸，油光闪亮，香滑可口”著称。

卷粉可以冷食，配料随意，是坊间常见的小吃。

图 12-14　永平碗装卷粉

图 12-15　永平成卷即食的卷粉

永平卷粉的发源地据称是越南，当年滇越铁路运行后，一些越南百姓为了谋求生计，开始在滇越线上卖卷粉，后来传到云南开远、贵州、广西一带。

永平卷粉的最大特点是在作料配制上，除酱油、蒜泥、芫荽等调料外，另有三样作料缺一不可：一是熟油辣子，二是腊腌菜，三是桃醋。这三味调料看似普通，但具体操作起来却很有讲究。

（1）取上等干红辣椒，用手工或机器将其打成粉末，放入小瓷碗中，将菜油烧滚至熟后浇淋到辣椒粉末上，拌匀，香辣红亮的熟油辣子就做好了。（2）腊腌菜以杉阳出产的为佳。把腊腌菜切碎，盛入碗里备用。（3）桃醋黄里透亮，散发着桃果特有的酸香。

三样作料备齐后，把卷粉切成细条，用浅底碗盛装，依次在卷粉上淋上酱油、桃醋、熟油辣子、蒜泥、花椒油，抓上一点腊腌菜，再撒上芝麻粉或花生仁以及少许白糖和芫荽，最后来几粒味精，拌匀。这样，白里带红，香味窜鼻，吃起来沁人肺腑、透身舒爽的永平卷粉就做好了。

二、制作流程

永平卷粉的制作流程：

优质大米→挑选、除杂质→用水浸泡 2 ~ 4 小时→磨浆→过滤→纯米浆→入模→蒸制→晾放→卷粉

食用方法 1：卷粉→切成细条→加桃醋、油辣子、腊腌菜、酱油、蒜泥、芫荽等作料→拌匀即可食用

食用方法 2：卷粉→在案板上摊平→抹油辣子、蒜泥、芫荽、炒碎核桃、炒芝麻等作料→卷成卷即可食用

另外，卷粉也可像米线、饵丝一样采用煮、卤等方式食用。

三、操作要点

（1）选择优质大米，可保证卷粉韧性好、色泽白亮、口感爽滑。

（2）大米用水浸泡 2 ~ 4 小时。

（3）把浸泡好的大米磨成米浆，用细纱布过滤，除去米浆中的粗粒。

（4）把米浆倒入圆形蒸盘内，一定要让米浆均匀地铺满蒸盘，尽量摊薄，以保证卷粉成品薄如面纱。否则，蒸出来的卷粉会厚薄不均，影响口感。

（5）蒸熟的卷粉取出冷却，用薄竹片从蒸盘内慢慢取出，晾放在簸箕中。

（6）卷粉完全放凉至不粘手，收取，对折，叠放；用洁净纱布盖严，防止水分散失。

图 12-16　永平卷粉摊

四、美食知识

中国南方多地都有煮食卷粉为早点的习惯。卷粉的最佳食用方式是冷食，可拌制，可卷制，配料随意，方便快捷。在炎夏时节，卷粉是南方城乡最具特色的民间美食。

五、美食小结

永平卷粉具有色、香、味、鲜俱佳的特点，老幼皆宜食用，一年四季不分春夏秋冬，都可作小吃或正餐食用。

主要参考文献

［1］刘岩奇，王思珍，曹颖霞．池塘和水库养殖鱼类营养成分分析与比较［J］．畜牧水产，2007（8）：20–23.

［2］朱邦科，曹文宣．鲢早期发育阶段鱼体脂肪酸组成变化［J］．水生生物学报，2002，26（2）：130–135.

［3］王丹丽，徐善良，严小军，等．大黄鱼仔、稚、幼鱼发育阶段的脂肪酸组成及其变化［J］．水产学报，2006，30（2）：241–245.

［4］陈建明，叶金云，沈斌乾，等．野生和池塘养殖花鱼骨肌肉营养组成的比较分析［J］．上海水产大学学报，2007，16（1）：87–91.

［5］何淑玲，等．泡菜中亚硝酸盐问题的研究进展［J］．食品与发酵工业，2005，31（11）：85–87.

［6］梁新红．酸白菜腌制中亚硝酸盐的动态观察研究［J］．江苏调味副食品，2001（68）：12–13.

［7］刘青梅，杨性民．腌渍蔬菜亚硝酸盐含量及降低措施研究［J］．食品科学，2001，22（9）：44–46.

［8］徐欢，励建荣．金华火腿特征风味物质研究进展［J］．中国调味品，2008（1）：35–38.

［9］黄艾祥，葛长荣，陈宗道，等．加工工艺对云腿质量的影响［J］．食品与发酵工业，2005（4）：137–140.

［10］李少林．中华民俗文化：中华饮食［M］．呼和浩特：内蒙古人民出版社，2006：50.

［11］张预昆．云南烹饪史略［M］．昆明：云南人民出版社，2006：176.

［12］李京．云南志略（诸夷风俗）［C］// 方国瑜，等．云南史科丛刊·第三卷．昆明：云南大学出版社，2001.

［13］李元阳，嘉靖．大理府志［M］．大理：大理白族自治州文化局，

1983.

［14］庄诚，万历．赵州志［M］．大理：大理白族自治州文化局，1983.

［15］徐弘祖．徐霞客游记［C］// 朱慧荣．徐霞客游记校注．昆明：云南人民出版社，1993.

［16］华世銶．明清时期云南的经济与文化［M］．昆明：云南民族出版社，2001.

［17］杨知勇，等．云南少数民族生活志［M］．昆明：云南民族出版社，1992.

［18］李东红．大理［M］．昆明：云南教育出版社，2000.

［19］李晓岑．白族的科学与文明［M］．昆明：云南人民出版社，1997.

［20］周光荣．滇味饮食文化源流浅说［J］．云南农业，2004（1）．

［21］大理市旅游局．大理导游辞［M］．昆明：云南大学出版社，2008.

［22］赵荣光，谢定源．饮食文化概论［M］．北京：中国轻工业出版社，2000.

［23］关明．云南民族菜［M］．昆明：云南科技出版社，1998.

［24］张宁．大理古城洋人街的白族饮食文化研究［D］．昆明：云南大学，2015.

［25］俞彬彬，薛祖军．大理、绍兴两地饮食文化的差异分析［J］．大理大学学报，2011（7）．

［26］巍山彝族回族自治县回族学会．巍山回族饮食文化［M］．昆明：云南人民出版社，2015：3.

［27］林慧．饮食类节庆的旅游开发研究［D］．泉州：华侨大学，2014.